우리 주변의 화학물질

전지, 세제에서 합성 감미료까지

우에노 게이헤이 지음
이용근 옮김

전파과학사

* 편집자 주) 원소 이름 변경사항

나트륨(NA)과 칼륨(K)은 2008년부터 소듐(나트륨, Na), 포타슘(칼륨, K)으로 혼용하다가 2014년부터 소듐(Na), 포타슘(K)으로 단독표기하고 있다. 원소 번호 104~109번은 1997년, 110번은 2003년, 111번은 2004년, 112번은 2010년, 113, 115, 117, 118번은 2016년에 이름이 정식으로 확정되었다. 주기율표는 〈표 1-1〉을 참고 바란다.

원소 번호	변경 전		변경 후
3	나트륨	→	소듐 Na
9	불소	→	플루오린 F
19	칼륨	→	포타슘 K
22	티탄	→	타이타늄 Ti
24	크롬	→	크로뮴 Cr
25	망간	→	망가니즈 Mn
32	게르마늄	→	저마늄 Ge
34	셀렌	→	셀레늄 Se
35	브롬	→	브로민 Br
41	니오브	→	나이오븀 Nb
42	몰리브덴	→	몰리브데넘 Mo
46	파라디움	→	팔라듐 Pd
51	안티몬	→	안티모니 Sb
53	요오드	→	아이오딘 I
54	크세논	→	제논 Xe
57	란탄	→	란타넘 La
65	테르븀	→	터븀 Tb
73	탄탈	→	탄탈럼 Ta
113	우눈트륨 Uut	→	니호늄 Nh
115	우눈펜튬 Uup	→	모스코븀 Mc
117	우눈셉튬 Uus	→	테네신 Ts
118	우누녹튬 Uuo	→	오가네손 Og

머리말

우리 주변에는 수많은 화학물질이 있으며 이들 덕분에 건강한 생활, 여유 있는 생활, 편리한 생활을 할 수 있다.

그러나 화학물질을 잘못 사용하면 불의의 사고가 일어나며, 최악의 경우에는 생명의 위험을 동반한다.

따라서 가정에서는 화학물질에 대해 그 정체를 알아보고 올바른 사용법을 이해하는 것이 반드시 필요하다.

화학물질의 정체를 알려면 화학에 대한 기초 지식이 필요하다. 그러나 화학이라고 하면 분자, 원자 또는 원자기호, 분자식들을 연상하게 되기 때문에 화학을 접근하기 어려운 학문처럼 여기는 독자가 많으리라 생각한다.

따라서 이 책의 제 I 부에서는 물질세계가 이루어진 것에 대해 간단히 다루고자 한다. 우리 주변을 둘러싼 생물과 무생물의 물질세계가 어떻게 생겼는지, 이 물질세계를 구성하는 재료는 무엇인지 생각해 보고자 한다.

제 II 부에서는 화학물질의 정체를 알기 위해 필요한 화학의 기초 지식에 관해 설명한다. 우리 주변에는 간단한 화학물질부터 매우 복잡한 화학물질까지 이루 헤아릴 수 없을 정도로 많은 화학물질이 존재한다. 하나하나 돌을 쌓으면 아름다운 아치형의 다리가 되듯이 복잡한 화학물질도 간단한 화학물질로부터 이루어진다. 제 II 부에서는 이와 같이 비교적 간단한 화학물질에 대해 설명한다.

마지막 제 III 부에서는 우리 주변에서 자주 사용하는 대표적인 화학물질의 정체에 대해 설명한다. 제III부만 읽어도 되지만 화학물질의 정체를 충분히 이해하려면 앞에서부터 순서대로 읽기를 권장한다.

차례

제Ⅲ부 우리 주변의 화학물질의 정체 ·································· **137**

Ⅰ. 거실에서

8

제 I 부
화학물질이란 무엇일까

1. 이 세상의 시작

물리학자가 묘사한 우주의 시작에 의하면 지금으로부터 약 150억 년 전에 우주의 한구석에서는 빅뱅이라 부르는 큰 폭발이 일어났다고 한다. 무엇이 폭발하였는지 알 수 없으나 이 폭발이 일어나고 0.1초 후에는 온도가 약 300억 K(절대온도 $1K= -273°C$)가 되었고 이 우주에는 빛, 뉴트리노라고 부르는 미립자, 전자와 양전자의 쌍, 양성자와 중성자가 존재했다. 양성자란 두말할 것도 없이 수소 원자핵이다.

시간이 지나고 온도가 차차 내려가서 60억 K가 되자 전자와 양성자가 합쳐져서 빛이 된다. 1,000초 후의 온도는 1억 K가 되고, 양성자와 중성자가 결합하여 중수소의 원자핵이 생긴다. 빅뱅 이후 약 1,000초 사이에 일어나는 일이다. 다시 시간이 흘러 10만 년을 통해 온도가 1만 K로 내려가자 원자핵은 전자와 짝을 이루어 전기적으로 중성인 수소 원자나 중수소 원자가 된다.

빅뱅의 여운으로 우주는 다시 팽창을 계속한다. 일정하게 퍼진 기체는 중력 때문에 온도가 내려갈수록 다시 수축을 시작한다. 수축된 기체 구름에서 별이 생긴다. 별의 중심이 중력 때문에 압축되고 다시 온도가 올라가서 100만 K를 넘게 되면 수소나 중수소의 핵융합이 시작되고 헬륨의 원자핵이 생기게 된다.

핵융합은 차츰 진행되어 탄소, 질소, 산소와 같은 원소도 생긴다. 수소나 헬륨과 같은 가벼운 원소가 핵융합으로 소비되면 별의 중심은 다시 수축하고, 중심의 온도도 6억 K에서 30억 K까지 올라간다. 이와 같은 고온이 되면 탄소, 질소, 산소들의 원자핵의 핵융합이 일어나고 그 결과 소듐, 마그네슘, 알루미늄, 규소, 철, 니켈 등 중간 정도의 무게를 갖는 원소의 원자핵이 생긴다.

이렇게 빅뱅의 시초에 수소와 헬륨뿐이던 우주는 점점 변화했다. 그러나 아직 철보다 무거운 원소는 탄생하지 않았다.

철보다 무거운 원소의 탄생 역시 새로운 별의 폭발을 기다려야 한다. 즉, 앞에서와 같은 경과로 생긴 철을 중심핵으로 하여 태양보다 큰 별이 생기고, 여기서 다시 중력에 의한 수축이 시작되어 중심핵의 밀도가 10억 톤/㎤가 되면 또다시 큰 폭발이 일어나 별의 바깥층의 물질을 대량으로 날려 보낸다.

이 폭발이 일어날 때에 대량의 중성자가 발생하고, 이것이 철을 주성분으로 하는 원자핵에 흡수되어 철보다 무거운 원소가 속속 생겨난다. 이와 같이 이 우주에서 가장 가벼운 수소부터 가장 무거운 우라늄까지 92종류의 원소가 생기기까지 빅뱅 이후 약 70억 년 정도 걸렸다고 추정한다.

이렇게 되면 별은 원소의 제조공장이다. 지금 밤하늘에 반짝이는 별은 태양계의 행성이나 달 이외에는 모두 핵융합에 의해서 빛나고, 새로운 원소가 생기고 있는 것이다. 그러나 우주 전체를 보면 이들 원소의 양은 미량이며 수소, 헬륨이 압도적으로 많다. 우주에서의 원소 존재량은 수소 86%, 헬륨 13.7%이고, 이 밖의 원소를 모두 합치면 겨우 0.3%에 지나지 않는다고 추정한다.

이들 92종류의 원소를 수소, 헬륨, 리튬과 같이 가벼운 원소에서 무거운 원소 순서로 배열하면 화학적으로 성질이 비슷한 원소가 주기적으로 나타나는 것을 알 수 있다. 이 사실은 1870년경 러시아의 화학자 멘델레예프가 처음으로 주장했고, 오늘날에는 원소의 주기율표라고 부른다(〈표 1-1〉 참고).

〈표 1-1〉 원소의 장주기형 주기율

주기 \ 족	1	2	3	4	5	6	7	8
1	1.008 $_1$H 수소							
2	6.94 $_3$Li 리튬	9.0122 $_4$Be 베릴륨	원자 번호 원소명		12.011 $_1$Mg 마그네슘	원자량 원소 기호		
3	22.9898 $_{11}$Na 소듐	24.3050 $_{12}$Mg 마그네슘						
4	39.0983 $_{19}$K 포타슘	40.078 $_{20}$Ca 칼슘	44.9559 $_{21}$Sc 스칸듐	47.867 $_{22}$Ti 타이타늄	50.9415 $_{23}$V 바나듐	51.9961 $_{24}$Cr 크로뮴	54.9380 $_{25}$Mn 망가니즈	55.845 $_{26}$Fe 철
5	85.4678 $_{37}$Rb 루비듐	87.62 $_{38}$Sr 스트론튬	88.9059 $_{39}$Y 이트륨	91.224 $_{40}$Zr 지르코늄	92.9046 $_{41}$Nb 나이오븀	95.94 $_{42}$Mo 몰리브데넘	(98) $_{43}$Tc 테크네튬	101.07 $_{44}$Ru 루테늄
6	132.9055 $_{55}$Cs 세슘	137.327 $_{56}$Ba 바륨	란타넘족 원소* 57-71	178.49 $_{72}$Hf 하프늄	180.9479 $_{73}$Ta 탄탈럼	183.84 $_{74}$W 텅스텐	186.207 $_{75}$Re 레늄	190.2 $_{76}$Os 오스뮴
7	(223) $_{87}$Fr 프랑슘	(226) $_{88}$Ra 라듐	악티늄족 원소** 89-103	(265) $_{104}$Rf 러더포듐	(268) $_{105}$Db 더브늄	(271) $_{106}$Sg 시보귬	(270) $_{107}$Bh 보륨	(277) $_{108}$Hs 하슘

6	란타넘족 원소*	138.9055 $_{57}$La 란타넘	140.116 $_{58}$Ce 세륨	140.9077 $_{59}$Pr 프라세오디뮴	144.242 $_{60}$Nd 네오디뮴	(145) $_{61}$Pm 프로메튬
7	악티늄족 원소**	(227) $_{89}$Ac 악티늄	(232.038) $_{90}$Th 토륨	(231.0359) $_{91}$Pa 프로트악티늄	238.029 $_{92}$U 우라늄	(237) $_{93}$Np 넵투늄

※ ( ) 속의 숫자는 동위 원소 중에서 반감기가 가장 긴 원소의 원자량을 나타낸다

9	10	11	12	13	14	15	16	17	18

□ 금속 원소

▨ 비금속 원소

□ 전이 원소

									4.0026 $_2$He 헬륨
				10.81 $_5$B 붕소	12.011 $_6$C 탄소	14.007 $_7$N 질소	15.999 $_8$O 산소	18.9984 $_9$F 플루오린	20.179 $_{10}$Ne 네온
				26.9815 $_{13}$Al 알루미늄	28.085 $_{14}$Si 규소	30.9738 $_{15}$P 인	32.06 $_{16}$S 황	35.45 $_{17}$Cl 염소	39.948 $_{18}$Ar 아르곤
58.9332 $_{27}$Co 코발트	58.6934 $_{28}$Ni 니켈	63.546 $_{29}$Cu 구리	65.38 $_{30}$Zn 아연	69.723 $_{31}$Ga 갈륨	72.63 $_{32}$Ge 저마늄	74.9216 $_{33}$As 비소	78.96 $_{34}$Se 셀레늄	79.904 $_{35}$Br 브로민	83.798 $_{36}$Kr 크립톤
102.906 $_{45}$Rh 로듐	106.42 $_{46}$Pd 팔라듐	107.868 $_{47}$Ag 은	112.41 $_{48}$Cd 카드뮴	114.818 $_{49}$In 인듐	118.710 $_{50}$Sn 주석	121.769 $_{51}$Sb 안티모니	127.60 $_{52}$Te 텔루륨	126.905 $_{53}$I 아이오딘	131.29 $_{54}$Xe 제논
192.22 $_{77}$Ir 이리듐	195.084 $_{78}$Pt 백금	196.966 $_{79}$Au 금	200.59 $_{80}$Hg 수은	201.38 $_{81}$Tl 탈륨	207.2 $_{82}$Pb 납	208.980 $_{83}$Bi 비스무트	(209) $_{84}$Po 폴로늄	(210) $_{85}$At 아스타틴	(222) $_{86}$Rn 라돈
(276) $_{109}$Mt 마이트너륨	(281) $_{110}$Ds 다름슈타튬	(280) $_{111}$Rg 렌트게늄	(285) $_{112}$Cn 코페르니슘	(284) $_{113}$Nh 니호늄	(289) $_{114}$Fl 플레로븀	(288) $_{115}$Mc 모스코븀	(293) $_{116}$Lv 리버모륨	(294) $_{117}$Ts 테네신	(294) $_{118}$Og 오가네손

150.36 $_{62}$Sm 사마륨	152.964 $_{63}$Eu 유로퓸	157.25 $_{64}$Gd 가돌리늄	158.925 $_{65}$Tb 터븀	162.500 $_{66}$Dy 디스프로슘	164.930 $_{67}$Ho 홀뮴	167.26 $_{68}$Er 어븀	168.934 $_{69}$Tm 툴륨	173.04 $_{70}$Yb 이터븀	174.967 $_{71}$Lu 루테튬
(244) $_{94}$Pu 플루토늄	(243) $_{95}$Am 아메리슘	(247) $_{96}$Cm 퀴륨	(247) $_{97}$Bk 버클륨	(251) $_{98}$Cf 캘리포늄	(252) $_{99}$Es 아인슈타이늄	(257) $_{100}$Fm 페르뮴	(258) $_{101}$Md 멘델레븀	(259) $_{102}$No 노벨륨	(262) $_{103}$Lr 로렌슘

2. 지구의 탄생

빅뱅으로부터 100억 년이 지나고 지금으로부터 46억 년 전에, 우주의 한구석에서 그곳을 떠다니는 기체 상태의 물질이 수축되기 시작하였다. 이 물질의 대부분은 뭉쳐져 태양이 되었고, 나머지 물질은 태양 주위에 원판 모양의 성운(星雲)을 만들었다. 그중에서 기체상 물질은 미세한 먼지가 되고 먼지는 서로 응축하여 점점 큰 덩어리로 성장하였다.

기체상 물질의 수축이 시작되고 1000만 년 정도의 짧은 기간에 지구 등 9개의 행성과 행성 주위를 도는 많은 위성 무리, 혜성, 무수한 운석들이 생겨났다.

태양계의 우주에 존재했던 기체상 물질의 99.9%는 태양에 집중되었다고 추정하며, 이와 같은 큰 별의 중심핵에서는 중력에 의한 수축과 온도 상승으로 수소, 헬륨의 핵융합은 물론이고 탄소의 핵융합까지 일어나서 45억 년이 지난 오늘날까지 계속 빛나고 있다.

이 태양을 중심으로 공전하는 9개의 행성 중에서 지구는 매우 이상적인 크기가 되었고, 또한 매우 이상적인 자리에 있었기 때문에 액체의 물로 덮인 지구가 되었다. 이것이 지구를 '물의 행성'이라고 부르는 이유다.

태양계의 대표적인 행성의 특성은 〈표 1-2〉와 같다.

우선 지구의 크기에 대해 생각해 보자. 현재 목성과 토성이 있는 위치는 태양으로부터 먼 거리이고 온도와 태양에서의 방사 압력이 모두 낮다. 그러므로 대량의 수소와 헬륨을 포함한 행성이 되었다. 즉, 목성과 토성에서는 온도가 낮기 때문에 큰 질량에 의한 중력으로 행성이 생기고 수소나 헬륨과 같은 가벼

〈표 1-2〉 태양계의 대표적인 행성의 특성

	태양으로부터의 거리(천문단위)*	질량 (지구=1)	표면 온도/℃**	대기 성분	행성의 주성분
태양	–	332,000		수소, 헬륨	수소, 헬륨
수성	0.39	0.054	430(낮) ~ -160(밤)	없음	규산염, 철
금성	0.72	0.80	470	이산화탄소, 염화수소, 플루오린화수소, (질소)	규산염, 철
지구	1.00	1.000	15	질소, 산소, 아르곤, 수증기	규산염, 철
(달)	1.00	0.0123	150(낮) ~ -100(밤)	없음	규산염, 철
화성	1.52	0.105	-23	이산화탄소, 수증기, (질소)	규산염, 철
목성	5.20	310.2	-140	수소, 메탄, 암모니아, (헬륨)	수소, 헬륨
토성	9.54	92.9	-150	수소, 메탄, 암모니아, (헬륨)	수소, 헬륨

* 지구로부터 태양까지의 거리를 1로 하고 측정한 거리
** 대기가 없는 행성에서는 낮과 밤의 온도 차이가 크다.

운 기체도 도망갈 수 없었다.

반면 지구는 태양에 보다 가까우며, 온도도 그다지 낮지 않고, 태양으로부터의 방사 압력도 꽤 강하다. 질량도 목성과 토성에 비하면 훨씬 작기 때문에 중력도 작고, 지구가 막 생겼을 때 주위의 수소나 헬륨은 날아가 버렸을 것이다.

만약 지구가 목성이나 토성과 같이 컸다면 지구도 수소나 헬륨의 행성이 되었을지도 모른다. 행성이 형성되었을 때 지구의 질량이 너무 크지 않고 태양과의 거리가 너무 멀지 않았기 때문에 가벼운 원소는 날아가 버려서 이산화규소와 철을 주성분으로 하는 행성이 된 것이다.

또한 지구가 좀 더 작았다면 대기 중의 수증기를 지구의 인력이 잡아 둘 수가 없으므로 지구는 달과 같이 빛나는 별이 되었을 것이다. 따라서 지구는 수소와 헬륨을 잃었지만 수증기는 잃지 않았던 것이다.

하지만 금성과 같이 태양에 너무 가깝지 않았던 것도 지구에는 다행스러웠다. 금성의 표면 온도는 470℃라고 한다. 금성에도 물이 있다고 알려졌지만 모두 수증기로 되어 있다. 화성에도 물이 있다고 알려졌지만 태양과의 거리가 지구보다 먼 화성의 표면 온도는 -23℃로 모두 얼음으로 되어 있다.

지구는 다행히 태양과 너무 멀지도 않고 너무 가깝지도 않기 때문에 많은 물이 액체로 존재한다.

지구상에서 최초로 생명이 생긴 곳은 바다였다고 본다. 그것은 지구의 모양이 형성된 후 10억 년경의 일이다. 최초에 생긴 생명체가 어떤 것인지는 모르나, 바이러스나 더 원시적인 생물이었을 것이다. 그러나 생물체로서의 최소한의 요건, 즉 밖에서

부터 에너지원을 흡수하여 살아가는 능력(에너지 대사능)과 자신
의 분신을 만들어서 증식하는 능력(자기 증식능)은 틀림없이 가
졌을 것이다. 바닷물에 녹아 있던 여러 가지 무기 이온과 비생
물학적으로 되어 있던 간단한 유기 화합물을 재료로 원시 생물
이 생긴 것이다.

그로부터 35억 년이 지나, 생물은 진화를 거듭하여 오늘 우
리가 살고 있는 것과 같은 동식물의 세계를 만들게 되었다.

산에는 푸른 나무가 무성하고 들에는 풀과 꽃이 피며, 하늘에
는 새가 날고 바다에는 물고기가 헤엄친다. 이와 같이 싱싱한
생물 세계는 태양계의 행성 중에서도 지구에서만 볼 수 있다.

이와 같이 다양한 생물의 세계도 주요한 구성 요소는 겨우
10여 가지의 원소로 이루어진 것에 불과하다. 이들의 원소는
수소, 산소, 탄소, 질소, 소듐, 칼슘, 인, 황, 포타슘, 염소, 마
그네슘 등이다.

또한 이들 생물 세계의 근본이 되는 지구 그 자체에 대해 조
사하면 지구의 지층을 이루는 주성분은 규소, 알루미늄, 철, 칼
슘, 마그네슘, 소듐, 포타슘 등 한정된 종류의 원소로 이루어져
있지만 이는 다양한 광물이나 암석의 세계를 이루고 있다.

이들 한정된 원소만으로 우리 주변에 무한한 생물과 무생물
로 이루어진 물질의 세계가 생겼다는 사실은 매우 놀라운 일이
다. 그 비밀은 어디에 있는 것일까? 그 비밀을 푸는 열쇠가 바
로 화학일 것이다.

3. 물질세계

이제 시험 삼아 창밖에 보이는 푸른 나뭇잎을 한 개 따와서

조사해 보자. 〈그림 1-1〉의 (a)는 나뭇잎의 단면을 현미경으로 본 것이다. 내측의 탄소동화작용이나 호흡작용을 담당하는 해면조직을 보호하기 위해 양측에 표피조직이 있다.

이와 같이 여러 가지 조직을 자세히 조사하면 각각 조직세포라는 작은 단위로 이루어진 집합체라는 것을 알 수 있다. 광학현미경과 같이 좀 더 배율이 큰 전자 현미경으로 조사한 결과들을 참고해 세포의 모양을 그림 모형으로 나타내면 세포의 자세한 구조는 〈그림 1-1〉의 (b)와 같다.

또한 세포를 이루는 세포막에 대해 조사하면, 세포막도 작은 단위의 집합체인 것을 알 수 있다. 이보다 더 자세한 것은 전자 현미경으로도 명확하게 알 수 없지만 여러 가지 실험적인 증거로부터 〈그림 1-1〉의 (c)와 같은 분자의 집합체인 것을 알았다.

이런 구조를 가진 분자는 그림에 나타난 것 같이 질서 정연하게 정렬한 분자의 집합체를 이루는 성질이 있다. 이와 같은 집합체를 미셀(Micelle)이라고 부른다. 이 분자의 구조를 조사하면 그 구성 원소는 탄소(C), 수소(H), 산소(O), 인(P)의 4가지에 지나지 않는다. 이들의 원소를 구성하고 있는 원자가 〈그림 1-1〉의 (d)와 같이 일정한 순서에 따라 결합되었다.

또한 다른 생물의 세포를 조사하면 같은 분자 구조를 가졌어도 탄소의 수가 많거나 적을 수 있다.

이와 같이 동물체와 식물체는 모두 세포라는 작은 단위로 이루어져 있다. 그 모양과 크기는 다양하다. 각각의 세포는 더욱 작은 구성단위인 분자로 이루어졌다.

분자도 역시 그 모양, 크기가 다양하다. 그러나 분자를 구성

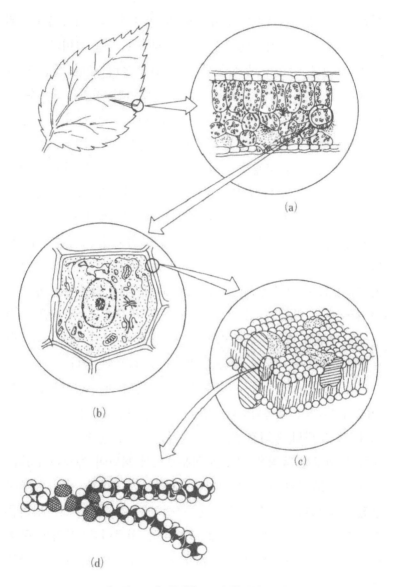

〈그림 1-1〉 물질을 점점 확대해 보면

하는 것은 앞에서 말한 10여 가지의 원자에 지나지 않는다. 원자의 종류와 원자에 결합하는 순서, 개수가 다를 뿐이다.

이 사실로 단순히 동식물체뿐 아니라 우리 주변 물질도 그 정체를 규명해 보면 한정된 원소로 이루어진 것임을 알 수 있다. 물질세계의 다양성은 원자의 결합으로 생긴 분자의 다양성과 한층 더 나아가 분자 집합체의 다양성을 반영한다.

그런데 물질의 정체가 이와 같이 명백해진 것은 천재 과학자가 어느 날 갑자기 생각한 것이 아니라 인류의 역사가 시작된 이래 수많은 실험을 거듭하여 점차 명확해진 것이다.

황금은 인류의 역사가 시작된 이래로 귀중한 보물이었다. 흙덩어리로 황금을 만들 수 있을 거라는 희망을 가진 것도 무리가 아니다. 흙으로는 만들 수 없어도 구리나 쇠붙이를 변화시켜 황금으로 만들 수 있지 않을까 하고 생각한 많은 사람은 수천 년 전부터 용기 속에 여러 가지 물건을 넣고 데우거나, 태우거나, 식히거나 하여 황금을 만들려고 다투어 왔다.

이와 같은 사람들을 연금술사라고 불렀으며, 이러한 노력은 18세기 말까지 계속되었다. 물론 황금을 만드는 데는 실패하였으나 그 노력의 결과로 화학이 생겨났다. 즉 물질의 본질을 조사하고 새로운 물질을 만드는 학문으로서 화학이 체계화되었다.

그 후 2000년 사이에 화학은 다른 자연과학과 같이 눈부신 발전을 하였다. 화학은 물질을 구성하는 분자의 배열 방법을 정확히 밝히며, 분자의 구조를 조사하는 학문이다. 분자의 구조란 분자를 이루는 원자의 종류나 개수, 결합의 순서를 조사하는 것이다.

또한 화학은 원자를 자기 생각대로 서로 결합하여 여러 가지 새로운 분자를 만드는 방법을 연구하는 학문이다.

이같이 새로 만들어진 분자를 일정한 배열에 따라 모아서 새로운 물질을 만들어 내는 것도 화학의 역할이다.

4. 원소, 원자

화학자는 우리 주변의 많은 물질을 취급하여 그 정체를 확인하는 과정에서 수많은 순수한 물질을 분리했다. 이들의 순수한 물질 중에서 더 이상 분해할 수 없는 것이 92가지뿐이다. 이 92가지의 물질을 원소라고 부른다. 예컨대 순수한 철, 순수한 알루미늄, 순수한 황들은 그 대표적인 보기이다.

제일 무거운 92번째 원소는 우라늄이다. 주기율표에도 나타나 있듯이 우라늄보다 무거운 원소가 몇 가지 있으나 이들은 모두 인공으로 만든 것으로 불안정하며, 영구불변으로 안전하게 존재하는 원소는 아니다.

92가지의 원소 이외에도 많은 순수한 물질이 알려졌으나 이들은 모두 일정한 비율로 결합하므로 화합물이라고 부른다. 화합물의 종류는 무한히 많다(400만 개). 이것은 알파벳의 영문자와 단어의 관계와 매우 흡사하다. 알파벳의 영문자는 겨우 26자이지만 짝을 이루면 단어의 종류는 수천만 개가 된다.

화학은 화합물의 구조를 조사하고, 원소로부터 여러 가지 화합물을 만드는 방법을 연구하는 학문이다. 그러나 원소명을 수소, 산소, 질소, 철, 알루미늄 등과 같이 일일이 쓰는 것도 번거롭고, 복잡한 화합물의 구성 원소를 하나하나 표기하다 보면 오히려 알기 어렵다. 그렇기 때문에 화학자들은 각각의 원소를 간단한 기호로 표시하기로 하였다.

〈표 1-3〉 몇 가지 원소와 그 기호

원소명	기호	영어	라틴어
수소	H	Hydrogen	
탄소	C	Carbon	
산소	O	Oxygen	
질소	N	Nitrogen	
소듐	Na	Sodium	Natrium
칼슘	Ca	Calcium	
인	P	Phosphorous	
황	S	Sulfur	
포타슘	K	Potassium	Kalium
염소	Cl	Chlorine	
마그네슘	Mg	Magnesium	

〈표 1-3〉에는 몇 가지 원소의 기호를 나타냈다. 이것은 영어
명 또는 라틴어명에서 유래하는 것이 많으나 만국 공통인 기호
를 사용하면 말을 몰라도 뜻은 통하므로 매우 편리하다.

다만 이 원소 기호를 보기만 해도 화학에 거부 반응을 나타
내는 경향도 적지 않다. 그러므로 이 책에서는 설명을 위해서
편의상 원소 기호도 같이 사용하지만 원소 기호를 읽어 넘겨버
려도 이 책의 내용을 이해할 수 있도록 했다.

이들 원소는 원자라고 부르는 미립자로 이루어진다. 원자는
화학적 수단으로 더 이상 나눌 수도 파괴할 수도 없는 입자이
다. 각각의 원소에 각각의 원소가 대응한다. 즉 수소(H)에는 수
소 원자가, 산소(O)에는 산소 원자가 대응된다. 서로 다른 원소
에 속하는 원자는 질량과 크기가 다르다. 예컨대 수소 원자의
질량이 1이라면, 탄소 원자는 12, 산소 원자는 16이 된다.

화학 반응에서는 각각의 원소에 속하는 2개 이상의 원자가 결합해서 화합물을 만든다(예컨대 수소 원자와 산소 원자가 결합하여 물이라는 화합물이 된다). 원자가 결합하여 화합물이 될 때 원자와 원자의 비율은 단순한 정수비가 된다(수소 2원자와 산소 1원자가 결합하여 물이 된다. 이것은 H_2O로 나타낸다).

각각의 원소에 속하는 2개 이상의 원자가 결합하여 화합물을 만들 때, 이 결합비가 다르면 생성되는 화합물의 종류도 다르다. 예로 수소 원자와 산소 원자가 결합하면 물(H_2O) 이외에 과산화수소(H_2O_2)가 생기는데 이 두 물질의 성질은 전혀 다르다.

그러면 원자의 정체는 무엇일까? 간단히 말하면 3가지의 입자로 이루어졌다고 말할 수 있다. 그것은 양성자, 중성자, 전자이다.

양성자는 p라는 기호로 표시하며, 그 질량은 1.6725×10^{-24}g이고, 1.60×10^{-19}C(쿨롱)의 양전하를 갖고 있다. 이와 같이 작은 질량이나 전하를 일일이 쓰는 것은 귀찮으므로 1.6603×10^{-24}g을 1원자 단위(amu)라고 약속하였다. 이 단위로 양성자의 질량을 나타내면 질량은 1.0073amu가 된다. 또한 전하는 1.60×10^{-19}C을 1이라고 약속하므로 양성자의 전하는 +1이 된다.

중성자는 n으로 나타내며, 질량은 1.6748×10^{-24}g(1.0087amu)이고, 전기적으로 중성이다. 따라서 양성자와 중성자의 질량은 거의 같으며 전하만 다르다.

전자는 e^-로 나타낸다. 그 질량은 9.109×10^{-28}g(0.0005486 amu)이며, 음의 전하 -1.60×10^{-19}C(-1의 단위 전하)을 갖는다. 따라서 전자의 질량은 양성자, 중성자에 비하여 무시할 수 있으므로 0으로 간주해도 좋으며 전하는 양성자의 양전하를 중화

〈표 1-4〉 원자를 구성하는 입자의 성질

입자	기호	질량(amu)	전하
양성자	p	1.0073	+1
중성자	n	1.0087	0
전자	e^-	0.0005486	-1

할 만큼의 음전하를 갖고 있다.

〈표 1-4〉에 이들 입자의 주된 성질을 요약해서 나타냈다.

서로 다른 원소에 속하는 원자는 그것을 구성하는 3가지 입자의 개수가 다르다. 예컨대 수소 원자는 양성자 1개, 전자 1개이고, 산소는 양성자 8개, 중성자 8개, 전자 8개로 이루어져 있다.

이 중에서 양성자와 중성자는 모두 원자의 중심에 있는 핵에 존재한다. 그 평균적인 크기는 10^{-13} ㎝로서 양성자의 개수만큼의 단위 양전하를 갖는다.

원자의 질량은 핵 안에 포함된 양성자와 중성자의 질량을 합한 것과 같다. 먼저 말했듯이 전자의 질량은 작기 때문에 무시된다. 즉 수소 원자의 무게는 약 1amu, 산수는 16amu가 된다.

전기적으로 중성인 원자에서 전자의 개수는 핵 안에 포함된 양성자의 개수와 같다. 그러므로 핵 안에 포함된 양성자의 개수에 따라서 그 원자의 화학적 성질이 결정된다.

또한, 전자의 개수가 양성자의 개수보다 많을 경우에는 원자 전체가 (-)로 대전되고 이것을 음이온이라 부른다. 반대로 전자의 개수가 양성자의 개수보다 적을 때에는 (+)로 대전되고 이것을 양이온이라 부른다.

전자가 핵을 둘러싼 공간을 돌고 있으나 그 공간의 크기는

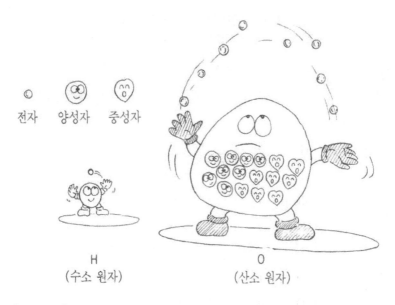

전자   양성자   중성자

H
(수소 원자)

O
(산소 원자)

〈그림 1-2〉 수소 원자는 1개의 양성자와 1개의 전자를 가지며, 산소 원자는
8개의 양성자, 8개의 중성자, 8개의 전자를 가지고 있다

원자핵 지름의 10만 배로 평균 10^{-8} cm 크기이다. 원자핵을 골
프공(지름 3cm)에 비유하면, 전자는 골프공에서 약 3km 떨어진
공간을 돌고 있는 것이 된다.

전자는 원자핵 둘레를 무질서하게 돌고 있는 것이 아니다.
원자핵(+)과 전자(-)의 전기적 인력과 전자가 갖는 운동 에너지
(원심력)가 균형 잡힌 공간을 날아다닌다. 따라서 전자가 갖는
운동 에너지가 작을수록 핵에 가까이 날아다니게 된다.

전자가 돌고 있는 공간을 전자궤도라고 부르며, 원자핵에 가
까운 궤도에서 먼 궤도까지 많이 알려지고 있다. 이들의 궤도
는 원자핵에 가까운 것일수록 에너지가 적으며 에너지가 적은
것부터 1s, 2s, 2p, 3s, 3p, 3d 등으로 이름 지었다. 그리고

〈표 1-5〉 원자핵의 구성과 전자 수
(밑줄은 천연에서 존재 확률이 큰 원자핵의 편성을 나타낸다)

원자 번호	원소명	원소 기호	원자핵 양성자 수	원자핵 중성자 수	전자 수 1s	2s	2p	3s	3p	3d	4s
1	수소	H	1	0, 1, 2	1						
2	헬륨	He	2	1, 2	2						
3	리튬	Li	3	3, 4	2	1					
4	베릴륨	Be	4	5	2	2					
5	붕소	B	5	5, 6	2	2	1				
6	탄소	C	6	6, 7	2	2	2				
7	질소	N	7	7, 8	2	2	3				
8	산소	O	8	8, 9, 10	2	2	4				
9	플루오린	F	9	10	2	2	5				
10	네온	Ne	10	10, 11, 12	2	2	6				
11	소듐	Na	11	12	2	2	6	1			
12	마그네슘	Mg	12	12, 13, 14	2	2	6	2			
13	알루미늄	Al	13	14	2	2	6	2	1		
14	규소	Si	14	14, 15, 16	2	2	6	2	2		
15	인	P	15	16	2	2	6	2	3		
16	황	S	16	16, 17, 18, 20	2	2	6	2	4		
17	염소	Cl	17	18, 20	2	2	6	2	5		
18	아르곤	Ar	18	18, 20, 22	2	2	6	2	6		
19	포타슘	K	19	20, 21, 22	2	2	6	2	6	1	

원자핵 둘레를 돌고 있는 전자는 에너지가 적은 이들 궤도의
1s부터 차례로 채워진다. 이때 1s, 2s, 3s궤도에는 2개씩의 전
자가, 2p, 3p궤도에는 6개씩의 전자가, 3d궤도에는 10개의 전
자가 채워진다.

몇 개의 원소에 대해 그 원자핵의 구성, 전자 수를 나타내면
〈표 1-5〉와 같다.

5. 화합물, 분자

2개 이상의 원자가 결합하면 화합물을 만든다. 원자는 단독
으로 있는 것보다 화합물을 만드는 편이 에너지 면에서 더 안
정하다. 자연계에서 모든 일은 에너지 면에서 보다 안정된 쪽
으로 나아간다.

원소 중에서도 희유기체에 속하는 원소 헬륨, 네온, 아르곤
등은 원자의 상태가 가장 안정돼 있기 때문에 짝을 이루지 않
고, 그 수가 몇 개 되지 않는다. 즉, 이들 원소는 원자의 상태
로 기체로서 존재하며 다른 원소와의 반응도 드물어서 불활성
기체라고도 부른다.

우리에게 매우 익숙한 기체인 수소, 산소, 질소는 2개의 원자
가 결합한 입자로 되어 있다. 즉, 각각 H-H, O-O, N-N으로
존재한다. H원자로 있는 것보다 H-H(H_2로 쓴다)로 짝을 이루는
것이 에너지 면에서 더 안정하기 때문이다. 수소 기체가 수소로
서 화학적인 성질을 나타내는 것은 H_2의 입자 때문이다.

이와 같이 2개 이상의 원자로 이루어진 입자로서, 그 원자가
결합한 상태에서 비로소 그 물질의 성질을 나타낼 수 있는 입
자를 분자라고 한다. 수소 기체, 산소 기체, 질소 기체는 모두

2원자 분자라고 말할 수 있고, 각각 H_2, O_2, N_2로 존재한다.

만약 2가지 이상의 원소에 속하는 원자가 결합하여 분자를 만든다면 이들을 화합물이라고 한다. 예컨대 물은 수소 원자 2개와 산소 원자 1개가 결합하여 이루어진 화합물이며 이 분자는 H-O-H(또는 H_2O)라고 나타낼 수 있다. 물은 산소 기체(O_2)와 수소 기체(H_2)로 이루어진 화합물이지만 물의 성질과 산소 기체, 수소 기체의 성질과는 공통점이 전혀 없다. 즉, 원소는 화합물을 만들면 원래의 원소와는 전혀 다른 성질의 물질로 변한다.

다른 예를 들어 보자. 숯은 탄소 원자의 집합체이다. 탄소 원자끼리 화학 결합에 의해 묶이면 거대한 원자의 집합체(일종의 고분자)를 이룬다. 공기 중에서 숯에 불을 붙이면 타게 되고, 결국엔 없어진다. 없어진 숯은 산소와 결합하여 이산화탄소(탄소 가스)가 된다. 숯과 이산화탄소 사이에는 공통점이 전혀 없다.

여기에서 화학의 흥미를 찾을 수 있다.

원자는 앞에서 말한 바와 같이 각각 고유의 질량을 갖는다. 원자 1개의 질량은 10^{-24}g이라는 작은 단위의 값이므로 하나하나 쓰는 것은 귀찮은 일이다. 그래서 오늘날에는 탄소의 질량을 12로 하고 이 표준에 대한 각 원자의 상대적인 무게를 나타내도록 약속하였다. 이 값을 원소의 원자량이라 한다.

이 원자량을 분자에서도 확장해서 생각할 수 있으며, 탄소를 12로 했을 때 각각의 분자를 이루는 원자의 종류와 개수에 따라 그 분자의 상대적인 무게를 결정할 수가 있고 이것을 분자량이라 부른다. 예컨대 물은 H_2O의 조성이므로 이것의 분자량은

수소의 원자량(1) × 2 + 산소의 원자량(16) × 1 = 18

〈표 1-6〉 대표적인 원소의 원소 기호와 원자량

원소명	원소 기호	원자량
수소	H	1.00794
탄소	C	12.011
산소	O	15.9994
질소	N	14.0067
소듐	Na	22.98977
알루미늄	Al	26.9815
칼슘	Ca	40.078
황	S	32.066
염소	Cl	35.453
철	Fe	55.847
구리	Cu	63.546
금	Au	196.9665

이 된다. 또한 이산화탄소(탄소가스)는 CO_2의 조성이므로 그 분자량은

탄소의 원자량(12) × 1 + 산소의 원자량(16) × 2 = 44

가 된다(위의 계산에서 원자량의 소수점 이하는 버렸다).

몇 가지 대표적인 원소의 원자량을 〈표 1-6〉에 나타냈다.

6. 유기물질과 무기물질

지금까지 말한 것을 종합하면 산소 원자(O) 2개가 결합하여 산소 분자(O_2)를 만들고 수소 원자(H) 2개가 결합하여 수소 분자(H_2)를 만든다.

산소 분자(O_2)와 수소 분자(H_2)가 결합하면 물(H_2O)이라는 화

합물을 만든다. 컵 속에 들어 있는 물은 H_2O라는 화합물의 분자 집합체이다. H_2O라는 물 분자 하나하나는 작아서 눈으로 볼 수 없으나 그 집합체는 물이나 얼음으로서 손으로 만져볼 수 있다.

액체의 물은 물 분자의 무질서한 집합체이지만, 얼음은 물 분자가 규칙적으로 배열된 집합체이다. 이러한 것을 결정이라 부른다.

또한, 배열 양식에 관계없이 이와 같은 분자의 집합체를 물질이라 부른다. 우리 주변은 여러 가지 물질로 둘러싸여 있다. 손으로 잡아서 볼 수 있는 물질 외에도 공기와 같이 눈에 보이지 않는 물질도 있다. 모두가 분자 집합체이다. 물론 그중에는 철, 알루미늄과 같이 금속 원자의 집합체도 있으나 우리 주위의 물질 대부분은 분자의 집합체라고 생각해도 된다.

그리고 물질은 타는 것과 타지 않는 것으로 크게 나눌 수 있다. 먼저 수집의 분류법이다.

타지 않는 것에는 금속, 유리, 도자기, 시멘트, 돌, 흙 등이 포함된다. 타는 것에는 섬유 제품, 종이, 목재, 플라스틱, 식료품 등 여러 가지 물질이 포함된다.

타는 것을 조사해 보면 분자의 골격은 탄소로 되어 있고 분자를 구성하는 원소는 탄소 외에 수소, 산소, 질소 등 극히 한정된 종류의 원소로 이루어져 있다. 또한 이들을 태우면 대량의 이산화탄소(탄산가스)가 발생한다. 이 물질들을 유기물질이라 부른다.

한편, 타지 않는 것에는 철, 알루미늄과 같이 하나의 원소로 된 물질도 있으며, 규소, 칼슘, 마그네슘, 기타 여러 가지 원소로 된 화합물도 있다. 개중에는 황이나 금속 마그네슘과 같이 타는 것도 있으나, 타기 어렵거나 타지 않는 것이 압도적으로 많다. 이들 물질을 무기물질이라 부른다. 무기물질의 구성 원소는 다양하다.

유기물질의 근원인 유기 화합물의 구성 원소는 탄소(C), 수소(H), 산소(O)와 질소(N), 황(S), 인(P), 염소(Cl) 등을 포함한다. 아무튼 적은 종류의 원소로 되어 있는데도 불구하고 수백만 가지의 유기 화합물이 존재한다고 알려져 있다.

예컨대 녹말, 설탕, 알코올은 성질이 전혀 다르나 모두 탄소, 산소, 수소 3가지의 원소로 구성되었다.

유기 화합물의 특징은 모든 유기 화합물의 상태로 존재하며 단체(單體)의 유기 화합물은 존재하지 않는다. 따라서 한정된 종류의 원자 결합 순서와 하나의 분자에 포함된 개수 차이에 따라서 다채로운 유기 화합물의 세계가 되는 것이다.

유기 화합물 중에서 솜, 견사, 마(麻) 등의 천연 섬유와 목재, 석유, 석탄, 식품 등과 같이 자연계에 산출 또는 자생하는 것 외에도 나일론, 아크릴, 폴리에스테르 따위의 합성 섬유, 플라스틱, 합성 세제 등과 같이 인공적으로 합성된 것도 있다. 천연물을 가공하여 얻은 유기물질도 있다. 예로 종이, 벰베르크(Bemberg, 인조견) 비누 등이다.

한편 무기물에는 이 지구상에 존재하는 거의 모든 원소가 있다. 무기물 중에는 토사, 암석, 광석, 소금, 물, 대기 등과 같이 천연에 존재하는 것 외에 인공적으로 만든 무기물질도 적지 않다. 시멘트와 유리, 도자기 등의 세라믹 제품, 철과 구리 등의 단일 금속, 주석이나 스테인리스강 등의 합금도 모두 무기물질이다.

7. 저분자 화합물과 고분자 화합물

우리 주변에는 여러 가지 유기물질이 있다. 먼저 말한 것과
같이 알코올, 가솔린, 설탕과 같은 것에서부터 녹말, 솜, 명주
등의 천연물과 비닐, 폴리에틸렌, 나일론의 합성물 등 헤아리자
면 끝이 없다.

이 밖에 여러 가지 식품(쌀, 콩류, 기름, 육류)도 모두 유기물
질인데, 이들 대부분은 탄수화물, 단백질, 지방 등의 유기물질
로 이루어져 있다.

알코올, 가솔린, 설탕과 같은 유기 화합물은 저분자 화합물이
라고 부른다. 이 화합물의 특성은 분자량이 비교적 적고(겨우
수백 개 이하), 기화하기 쉽거나 물이나 유기 용매에 잘 녹으며
녹은 용액도 끈적거리지 않는다. 설탕도 분자량이 작고(342),
물에 잘 녹는다.

반면 녹말, 솜, 명주 등은 쉽게 물에 녹지 않는다. 그러나 녹
말은 뜨거운 물에 넣으면 풀과 같이 된다. 솜, 명주는 보통 물
이나 유기 용매에는 녹지 않는다. 용해성이 나쁜 것은 분자량
이 크기 때문이며, 이들의 화합물을 고분자 물질이라 부른다.

녹말은 수천 개의 포도당(글루코오스)이 쇠사슬처럼 연결된 고
분자 화합물이다. 솜의 주성분은 셀룰로오스(Cellulose)이고, 이
것도 포도당 수천 개가 쇠사슬 모양으로 연결된 것이다. 녹말
과 셀룰로오스가 다른 이유는 포도당 결합 방식이 다르기 때문
이다.

또한 명주실의 주성분은 피브린(Fibrin)이라는 단백질로, 아미

노산이라는 저분자 화합물이 펩티드 결합이라는 방식으로 연결된 고분자 화합물이다.

이들 천연의 고분자 화합물에 대해 폴리에틸렌, 비닐(정식 화학명은 폴리염화비닐), 나일론 등을 합성 고분자 화합물이라 부른다. 합성 고분자 화합물은 저분자 화합물을 원료로 공장에서 인공적으로 만든 고분자 화합물이다. 예컨대 폴리에틸렌은 에틸렌이라는 저분자 화합물을 촉매를 사용하여 길게 연결한 고분자 화합물이다.

합성 고분자 화합물도 천연 고분자 화합물과 같이 물이나 보통의 유기 용매에 녹기 어렵다. 특별한 용매를 사용하면 녹는 것도 있으나 그 용액은 매우 끈적거린다. 물엿이나 낫토(푹 삶은 메주콩을 볏짚 꾸러미 등에 넣고 띄운 일본 식품)와 같이 실을 뽑기 쉽다. 이것은 합성과 천연을 불문하고 고분자 화합물 용액의 공통된 특징이다.

우리 주위의 의식주에 유기물질이 여러 모양으로 사용된다.

우선 옷(의복)에 대해 생각해 보자. 솜, 명주 등은 천연 고분자 화합물이며, 전자는 셀룰로오스라는 탄소, 산소, 수소로 이루어진 유기물질, 후자는 피브린이라는 탄소, 산소, 질소, 수소로 된 유기물질이다. 또한 이들을 아름답게 염색하는 염료는 저분자의 유기물질이다.

여기에 비해서 나일론, 폴리에스테르, 아크릴 등은 합성 고분자 화합물이고, 그중에서 나일론과 아크릴은 탄소, 산소, 수소와 질소로, 폴리에스테르는 탄소, 산소, 수소로 이루어졌으며 원료는 모두 석유, 물, 공기이다.

또 벰베르크와 아세테이트 같은 화학 섬유는 천연의 셀룰로

오스를 원료로 하여 화학적으로 가공된 반합성 섬유라고 말할
수 있다.

음식에 대해 말하면 탄수화물은 탄소, 산소, 수소로 이루어진
천연 고분자 물질이다. 단백질도 탄소, 산소, 질소, 수소로 된
천연 고분자 화합물이다.

이런 고분자 화합물은 소화기 안에서 효소에 의해 저분자의
유기 화합물로 분해되어 체내에 흡수된다. 지방은 저분자 유기
화합물이다.

또 주거에 대해 말하면 여기에는 고분자 화합물이 압도적으
로 많다. 목재는 천연 고분자 화합물이고, 합판은 천연 고분자
인 목재를 합성 고분자 화합물인 접착제로 붙인 것이다. 또 벽
지와 비닐타일 등은 모두 합성 고분자 화합물이다.

제Ⅱ부

기본적인 화학물질을 알아두자

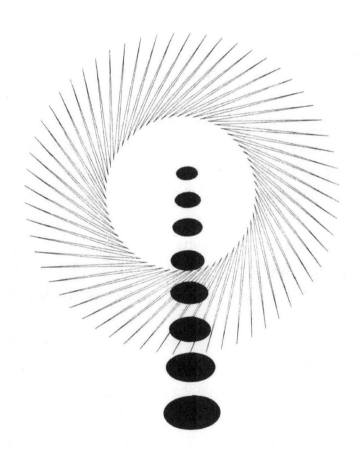

우리 주변의 화학물질의 본질을 이해하려면 화학물질을 구성하고 있는 개개의 무기, 유기 화합물에 대해 간단한 지식을 가지고 있어야 한다. 그러므로 제Ⅱ부에서는 우리 주변의 화학물질을 보기로 들어 대표적인 무기, 유기 화합물의 기초적 성질을 설명하기로 한다.

1. 공기

앞에서 말한 바와 같이 지구의 대기는 질소 약 78%, 산소 약 21%, 아르곤 약 1%, 이산화탄소 0.03%의 혼합물이다. 질소, 산소는 모두 기체 분자이며, 질소 분자(N_2)는 질소 원자 2개가 결합하고 산소 분자(O_2)는 산소 원자 2개가 결합한 것이다. 이미 말한 것처럼 질소 원자, 산소 원자는 단독으로는 불안정하므로 특별한 경우 외에는 언제나 원자 2개가 결합하여 안정된 기체 상태의 분자를 만든다.

질소 분자는 무미, 무취, 무색이며 화학적으로 불활성인 기체이고 질소 기체 속에서는 생물이 살아갈 수 없으며, 산화도 일어나지 않는다. 따라서 식품이나 고급 모피들을 장기간 보관할 때는 질소 기체 속에 넣고 봉한다. 질소는 -195℃에서 액체가 되며 액체 질소는 이와 같이 저온으로 물건을 식힐 때 사용된다.

산소도 보통 원자 상태로 존재하지 않으며 원자 2개가 결합하여 산소 분자(O_2)로 존재한다. 산소 분자도 무색, 무미, 무취의 기체지만 질소와 달리 화학적으로 활성이다. 산소 기체 속에서 철은 빨리 녹슬고 만다. 또한 지구상의 많은 생물(미생물도 포함하여)은 일부 예외적인 것을 제외하고 산소를 흡입해서

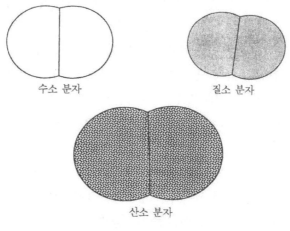

수소 분자   질소 분자

산소 분자

〈그림 2-1〉 기체 분자

살아간다. 따라서 산소 결핍 상태에서 생물은 죽는다.

그러나 산소 100%에서도 생물은 살아갈 수 없다. 순수한 산소 속에서 철이나 알루미늄은 불꽃을 내면서 순간적으로 타버린다. 식품도 바로 산화하며 의류도 순식간에 너덜너덜해지고 만다. 지구의 대기는 산소가 질소에 의해 약 4배 묽어져 있으므로 우리는 안심하고 살아갈 수 있다. 병원에서의 산소 흡입도 공기로 적당하게 묽힌 것을 흡인시킨다.

수소도 수소 원자 2개가 결합하여 수소 분자(H_2)로 존재한다. 수소 분자는 무미, 무취, 무색인 기체이고 산소와 같이 화학적으로 활성이며, 특히 산소와 혼합된 기체와는 전기 불꽃과 약간의 충격으로도 큰 폭발을 일으킨다. 공기도 1/4은 산소이므로 수소 기체가 공기 중에서 새면 큰 폭발을 일으킬 염려가 있다.

수소 기체는 공기보다 가벼워서 예전에는 기구나 비행선 또는 고무풍선 등의 기체로 사용되었으나 폭발의 위험이 있으므로 지금은 안정한 헬륨 기체를 사용한다. 따라서 우리 주변에서 수소 기체를 사용하는 경우는 드물다.

산소, 질소는 공기를 원료로 공업적으로 만든다. 즉, 공기를 가압, 냉각하여 액체 공기를 만들고 산소와 질소의 끓는점 차이를 이용하여 산소와 질소로 분리한다. 또한 물을 전기분해하면 수소와 산소로 나눠지므로 이 방법으로 수소와 산소를 공업적으로 만들어낸다.

헬륨은 수소 다음으로 가벼운 기체이고 게다가 화학적으로 불활성이기 때문에 풍선이나 비행선의 기체로 널리 사용한다.

헬륨(He)은 네온(Ne), 아르곤(Ar) 등과 같이 단원자로 안정적으로 존재하는 기체이다. 모두 화학적으로 불활성이며 자연계에서의 존재량도 적으므로 희유기체로 불린다. 이들 기체 속에서 방전하면 고운 색깔의 빛이 나오므로 희유기체는 네온사인의 유리관 속에 봉해 넣을 수 있는 기체로 사용된다.

또한 헬륨은 액화시키면 −270℃의 저온이 된다. 이와 같은 극저온에서 어떤 종류의 금속은 전기 저항이 제로가 되는 초전도 현상이 나타나므로 초전도 코일용 냉각제로 대량 사용된다. 예컨대 초전도 코일을 이용한 전자석은 매우 강한 자기장을 발생시키므로 뇌의 단층상을 촬영하는 MRI(핵자기 공명 단층 촬영 장치)나 리니어 모터카(Linear Motorcar)의 부상 장치 등에 사용된다.

지구상의 헬륨은 유전에서 산출하는 천연 기체 속에 약간 포함될 뿐이므로 값이 비싸며 우리나라에서는 모두 수입에 의존한다.

2. 바닷물

지구 표면의 2/3는 바닷물로 덮여 있고, 그 평균 길이는 3,800m이다. 마치 지구는 물의 행성(떠돌이별)과 같다. 또한 바닷물 외에 지구에는 여러 가지 모양의 물이 존재한다. 하늘에서는 액체인 비나 고체인 눈이 내린다. 강물, 호수, 지하수 등 지표에 존재하는 물도 있다. 또한 남극, 북극이나 고산 지대의 눈이나 얼음도 물의 다른 형태이다. 그러나 바닷물은 지구 전체 물의 97.2%를 차지한다.

지구에 살고 있는 우리에게 물만큼 흔한 것은 없으나, 물만큼 불가사의하고 복잡한 성질을 가진 화학물질도 없다.

동식물을 포함하여 지구상의 생물은 물 없이 살아갈 수 없다. 그러나 태양계 행성 중에서 지구에만 물이 액체로 존재하는 것은 기적이라고 앞에서 말했다.

화학물질로서 물을 보면, 물은 산소와 수소로 이루어진 매우 간단한 화합물이다. 0℃에서 얼음이 되고 100℃에서 끓기 시작한다. 또한 물에는 소금과 설탕이 잘 녹는다. 이러한 것은 당연한 것으로 생각하고 별로 이상하게 여기지 않았으나, 뒷장의 그림과 같이 간단한 분자가 이런 성질을 갖고 있다는 것은 물리화학의 상식에서 본다면 놀라운 일이다.

여담이긴 하지만 화학물질의 표현법에 대해 말하고자 한다.

물 분자는 화학 기호로 H_2O로 표현한다. 이것을 분자식이라 한다. 물 분자 중에서 수소 원자와 산소 원자가 어떻게 결합되어 있는지 나타내고자 할 때는 오른쪽 그림과 같이 쓴다. 이와 같은 표현법을 화학 구조식, 또는 간단하게 구조식이라 부른다.

　어느 표현법이든 원소 기호(H_2O)가 사용되므로 원소 기호의 영문자가 무엇을 뜻하는지 모르면 분자식과 구조식도 이해할 수 없게 된다.

　원래 수소든 산소든, 각각의 원자는 일정한 크기를 갖는 입자이다. 일정한 크기를 가져도 원자핵 둘레를 전자가 돌아다니므로 그 크기는 정확히 전자구름의 확산이라고 말해야 한다. 이와 같은 전자구름의 확산을 1개의 입자라고 생각하여 원자, 분자를 표현하면 다음 그림과 같다.

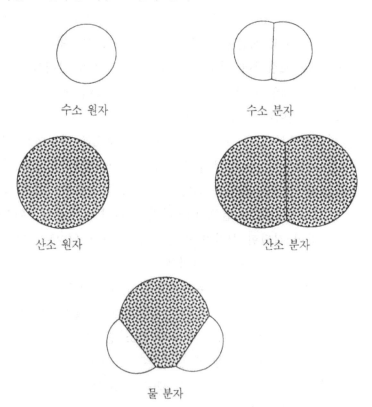

수소 원자　　　　　　　　수소 분자

산소 원자　　　　　　　　산소 분자

물 분자

분자, 원자의 크기 개념을 파악하는 데는 이 같은 모형으로 알기 쉬우나, 복잡한 분자가 되면 원자끼리의 결합 상태를 알기가 어렵다. 예컨대 에탄올의 분자식 CH_3CH_2OH는

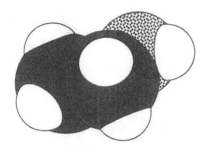

와 같이 표현되어 도리어 알기 어렵다. 좀 더 추상화시켜 콩을 세공한 모양의 표현을 보면 더욱 알기 쉽다.

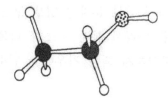

이 표현법에 의하면 산소 원자, 산소 분자, 물 분자는 각각 다음과 같이 된다.

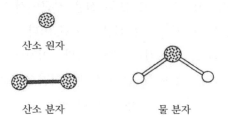

산소 원자

산소 분자   물 분자

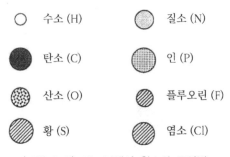

〈그림 2-2〉 제Ⅱ부에서 원소의 표시법

콩의 크기, 모양을 원자마다 정하면 원소 기호를 사용하지 않아도 화학물질의 분자 구조를 어떻게든 표현할 수 있다(그림 2-2).

이 책의 제2부에서는 주로 이 콩 모양의 표현법으로 설명한다. 이 방법은 더욱 복잡한 분자일 경우 구조식을 쓰는 것보다 이해하기가 어렵다. 따라서 분자 구조가 더욱 복잡해 콩 모양의 표현이 벽에 부딪치게 되는 경우에는 원소 기호를 써서 구조식을 쓰기로 한다.

수소 원자의 질량을 1이라고 하면 물 분자(H_2O)의 질량, 즉 물의 분자량은 18이 된다. 화학 전문용어로는 분자량이라 한다. 분자량 18 전후의 다른 화합물을 찾아보면 메탄(CH_4)은 16, 암모니아(NH_3)는 17이고 모두 실온 부근에서 기체가 된다. 메탄의 끓는점은 -162℃, 어는점은 -183℃이다. 또한 암모니아의 끓는점은 -34℃, 어는점은 -78℃이다. 이것에 비하면 물은 100℃에서 끓으며, 0℃에서 얼게 된다. 여기서 물만은 분자량이 비교적 작아도 이상하게 어는점이나 끓는점이 높은 것을 알 수 있다.

또한 우리 주변에는 물 이외에 여러 가지의 액체가 있다. 그 예로 알코올, 가솔린, 등유, 샐러드유, 시너 등의 액체가 있으나 광범위한 것을 잘 녹인다는 것을 고려하면 물보다 뛰어난 것은 없다.

이 같은 물의 특성은 모두 물의 분자 구조에 기인한다. 즉, 물 분자끼리 〈그림 2-3〉과 같이 약한 힘으로 끌어당기며 그 때문에 물 분자가 몇 개 달라붙어 비교적 큰 분자와 같이 행동한다. 잡아당기는 힘이란 일종의 전기적 인력으로서, 수소 결합이라 부른다. 이와 같이 수소 결합으로 결합된 물 분자의 집합체를 클러스터(Cluster)라고 부른다.

일설에 의하면 물의 맛과 클러스터의 크기는 서로 관계가 있다고 한다. 클러스터가 작을수록 물맛이 좋다는 것인데, 이 설에 의하면 원적외선이 닿으면 분자의 운동이 활발해지고 수소 결합이 끊어져서 클러스터가 작아지므로 물맛이 좋아진다.

바닷물은 태양열로 증발되어 수증기가 되고, 이 수증기가 대기 중에 머물다 비가 되어 지상에 쏟아진다. 전 지구상에서 연간 강수량을 계산하면, 지구 대기 중의 수증기는 10일에 1회의 비율로 교대하는 셈이다. 그만큼 눈 깜짝할 사이에 물은 바다와 대기 사이를 분주하게 뛰어다닌 셈이 된다.

이 과정에서 육지로 내린 비는 암석이나 토양 속에서 물에 녹는 성분을 녹여 바다로 흘려보낸다. 이렇게 만들어진 것이 바닷물이다. 육지에서 새로운 성분이 바다에 흘러 들어가는 것과 동시에 바다에 녹아 있던 성분이 다시 바다의 바닥에 가라앉으므로 바닷물에 녹아 있는 주요 성분의 조성은 과거 약 10억 년 동안 변하지 않았다고 생각한다.

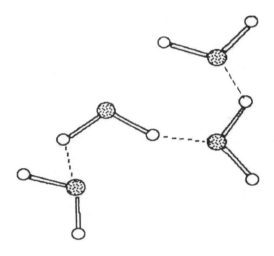

〈그림 2-3〉 물의 클러스터

주요 성분의 조성은 〈표 2-1〉에 나타낸 것과 같으며 소금(염화소듐: NaCl)의 농도로 환산하면 약 3%가 된다. 한편 바닷속에 포함된 미량 성분까지 분석하면 원소의 주기율표에 있는 원소의 대부분이 바닷물 속에 포함되어 있는 것을 알 수 있다.

예컨대 원자력 발전소에서 원자로의 연료로 사용되는 우라늄도 바닷물 1톤 중에 미량이지만 3.3mg이 포함되어 있다. 지구 전체의 바닷물이 1.3×10^{18}톤이란 방대한 양이므로 바닷물에서 우라늄을 효과적으로 분리, 채취하는 방법을 개발한다면 바닷물은 우라늄의 자원으로서 각광받게 될 것이다.

바닷물은 또한 소금의 원료로서도 중요하다. 햇빛이 강한 지방에서는 바닷물로 천일염을 만든다. 천일염의 소금은 주성분인 염화소듐 이외에도 바닷물에 녹아 있는 여러 가지 미네랄 성분이 포함되어 있다(예컨대 칼슘, 마그네슘, 포타슘, 아이오딘화물 이온, 황산 이온, 붕산 이온 등).

〈표 2-1〉 바닷물 1kg에 포함된 주요 성분의 양

이온	함유량(g)
소듐 이온	10.65
포타슘 이온	0.38
마그네슘 이온	1.27
칼슘 이온	0.40
스트론튬 이온	0.008
염화물 이온	18.98
브로민화물 이온	0.065
황산 이온	2.65
탄산수소 이온	0.14
붕산 이온	0.026

한편, 일본에서는 태양열에 의존하지 않고 이온교환막 전해법이라는 기술로 소금을 만든다.

이 방법으로 만든 소금은 순도 99.9%의 염화소듐이고 다른 미네랄 성분은 거의 포함되지 않는다. 햇빛이 약한 일본에서 이온교환막법은 값싼 경비로 소금을 만들 수 있는 매력이 있으나, 식용 소금으로는 소금 이외에 미네랄을 포함하는 천일제염법에 의한 소금이 건강상 환영받는다.

3. 무기산

자동차의 배터리에 들어 있는 액체는 묽은 황산이다. 배터리가 충전, 방전을 되풀이하는 동안 묽은 황산이 증발하거나 그 밖의 이유로 액량이 줄어들었을 때는 묽은 황산을 추가하고, 황산이 너무 진해졌을 때는 증류수를 추가한다.

황산은 황으로부터 만든 산이고 화학식은 H_2SO_4이며 모형으로 나타내면 다음 그림과 같다. 산으로 불리는 것으로도 알 수

46

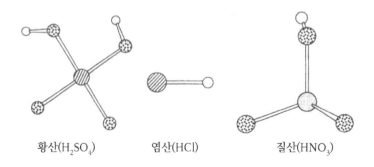

황산(H₂SO₄)　　　염산(HCl)　　　질산(HNO₃)

있듯이 묽은 황산의 맛을 보면 신맛이 있다. 맛을 보아서 신맛
이 나는 것은 산으로 생각해도 좋다.

　신맛이 나는 이유는 산이 물에 녹았을 때 이온으로 해리하여
수소 이온이 생기기 때문이다. 화학적으로 표현하면 물에 녹아
서 수소 이온을 방출하는 화합물을 산이라 한다. 황산이 물에
녹으면

$$H_2SO_4 \longrightarrow SO_4^{2-} + 2H^+$$

와 같이 이온으로 해리하여 수소 이온이 물속에 나온다.

　무기 화합물 중에서 이와 같이 산의 성질을 갖는 것을 무기
산이라 부르며 황산 이외에도 염산, 질산 등이 있다.

염산은　　　　　　　　　$HCl \rightarrow Cl^- + H^+$

질산은　　　　　　　　　$HNO_3 \rightarrow NO_3^- + H^+$

　황산, 염산, 질산은 어느 것이나 물에 녹았을 때 100% 이온
으로 해리되어 수소 이온을 방출한다. 이런 산을 강산이라 한
다. 이것에 비하여 인산, 플루오린화수소산, 탄산 등은 극히 일

부분밖에 해리되지 않는다. 다시 말하면 몇 퍼센트에서 몇십 퍼센트만 수소 이온을 방출한다.

인산 $H_3PO_4 \rightarrow PO_4^{3-} + 3H^+$

플루오린화수소산 $HF \rightarrow F^- + H^+$

탄산 $H_2CO_3 \rightarrow CO_3^{2-} + 2H^+$

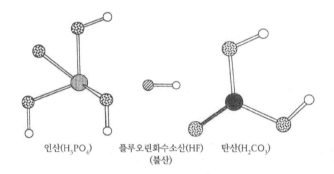

인산(H_3PO_4)   플루오린화수소산(HF)   탄산(H_2CO_3)
                        (불산)

  이와 같은 무기산을 약산이라 부른다.

  진한 무기 강산은 여러 가지 금속을 부식시키거나 피부에 닿으면 살이 짓물러져서 위험하므로 극약 또는 위험물로 지정되어 있고, 그것을 취급할 때에는 주의해야 한다.

  또한 플루오린화수소산은 약산이지만 유리를 녹이는 성질이 있고, 피부에 침투하여 부식시키므로 극약으로 지정되어 있다.

  물에 탄산가스(CO_2, 이산화탄소)를 압력을 가해서 녹인 것이 소다수, 사이다 등의 탄산음료이다. 물속에서 이산화탄소는 탄산수소 이온(HCO_3^-)의 형태로 존재한다. 탄산만으로는 신맛이 부족하므로 탄산음료에는 주석산(타르타르산), 구연산(시트르산) 등의 유기산도 첨가한다.

48

산　염기

〈그림 2-4〉 물에 녹으면 산은 수소 이온을, 염기는 수산화
이온을 내놓는다

물속에 녹아 있는 수소 이온의 농도를 pH(피에이치 또는 폐
하)라는 척도로 표현한다. 이 pH값을 수식으로 나타내면 다음
과 같다.

　　　pH = −log〔수소 이온 농도〕
　1ℓ 속에 1g의 수소 이온이 녹아 있으면
　　　pH = −log 1 = 0
　1ℓ 속에 0.1g이 녹아 있으면
　　　pH = −log(0.1) = −log 10^{-1} = 1
　1ℓ 속에 0.01g이 녹아 있으면
　　　pH = −log(0.01) = −log 10^{-2} = 2

즉, 수소 이온 농도가 낮을수록 pH값은 높아진다. 따라서 산

이 약하거나 산의 농도가 묽을수록 pH값은 높다.

예로 염산 36.5g을 물에 녹여 1ℓ로 만들었을 때 염산은 100% 해리하여 수소 이온 1g을 방출하므로 이때의 pH는 0이 된다. 염산 0.0365g을 물에 녹여 1ℓ로 만들면 이 수용액의 pH는 3이 된다.

완전히 중성인 물의 pH값은 7이다. 바꿔 말하면 중성인 물의 수소 이온 농도는 10^{-7}g/ℓ이다. 물의 불가사의한 성질 중 하나로 물속에서는 수소 이온과 수산화 이온(OH^-)의 농도를 곱한 것이 10^{-14}가 된다는 특성이 있으므로, 완전히 중성인 물속에서는

$$H^+의\ 농도 = OH^-의\ 농도 = 10^{-7}$$

이 된다. 따라서 pH값은 7이 된다.

pH값이 7보다 커지면 반대로 수산화 이온(OH^-)의 농도가 높아지므로 염기성을 나타낸다. pH값이 7보다 커질수록 염기성은 강해진다.

빗물은 공기 중의 이산화탄소(탄산가스)를 흡수하기 때문에 그 pH값은 5~6이다. 그러나 오늘날에는 석유, 석탄의 연소로 인하여 대기 중에 방출된 황화물이나 질소 산화물이 빗물에 녹아 들어가므로 산성을 나타내는 것이 많아졌다. 특히 막 내리기 시작한 비에는 pH값이 4 전후인 산성비가 내리는 경우가 있다.

4. 무기 염기

온천에는 산성, 중성, 염기성의 구분이 있다. 산성 온천은 맛을 보면 시큼하며 철이나 구리 등을 부식시킨다. 그러나 염기 온천은 맛을 보면 아릿한 맛이 나고 살에 닿으면 언제까지나

미끈미끈하게 느껴진다. 비누칠한 다음 아무리 씻어도 미끈미끈한 느낌이 없어지지 않는다.

염기성(알칼리성이라고도 한다)이란 산성과는 반대로 물속 수소 이온의 농도가 극단적으로 적다. 앞에서도 말했듯이 물의 성질에 따라 수소 이온의 농도가 낮아지는 것에 반비례하여 수산화 이온(OH^-)의 농도가 높아진다. 따라서 염기성인 수용액 중에서는 수산화 이온의 농도가 높다. 약염기천이라는 부르는 온천의 pH는 7.5~9 정도이고 수소 이온 농도는 1ℓ 속에 약 $10^{-7.5}$~10^{-9}g 정도가 된다.

강염기성인 약품 중 대표적인 것에는 수산화소듐($NaOH$)이나 수산화포타슘(KOH)이 있다. 이들은 물에 녹으면 100% 이온으로 해리하여 수산화 이온을 방출하므로 강한 염기성 수용액이 된다.

$$NaOH \rightarrow Na^+ + OH^-$$

$$KOH \rightarrow K^+ + OH^-$$

생석회는 석회석($CaCo_3$, 탄산칼슘)을 태워서 만드는데 이것도 강한 염기이다.

$$CaCO_3 \rightarrow CaO + CO_2$$

석회석   생석회 탄산가스

생석회는 화학식 중에 수산기(OH)를 갖지 않아도 물속에 넣으면 발열하면서 녹아, 다음 반응식과 같이 수산화 이온을 발생한다.

$$CaO + H_2O \rightarrow Ca^{2+} + 2OH^-$$

따라서 석회수도 강한 염기성을 나타낸다. 또한, 생석회는 매우 흡습성이 강하고 위생상 무해하므로 식품의 건조제로 널리 사용된다. 또한 생석회에 물을 넣으면 발열한다. 이 열을 이용하여 불을 쓰지 않고 깡통에 넣은 술을 데우는 상품이나, 바퀴벌레 퇴치 살충제를 가열하여 분무시키는 상품이 개발되었다. 불을 쓰지 않고 가열하는 안전성과 편리성을 이용하는 셈이다.

이 밖에 염기성은 그다지 강하지 않으나 탄산소듐(또는 탄산소다, Na_2CO_3)이나 탄산포타슘(또는 탄산칼리, K_2CO_3)도 염기성 약품으로 사용된다. 탄산소듐이나 탄산포타슘은 그 자신이 수산기(OH)를 가지지 않았어도 물에 녹으면 아래 식과 같이

$$Na_2CO_3 + H_2O \rightarrow 2Na^+ + HCO_3^- + OH^-$$

반응이 약간 진행되어 수산화 이온을 방출하므로 약한 염기성을 나타낸다. 수산화소듐이나 수산화포타슘은 강염기이며 피부나 의복에 묻으면 찢어지거나 하여 위험하므로 극약으로 지정되어 있다. 반면 탄산소듐이나 탄산포타슘은 약염기이므로 가정에서도 안심하고 쓸 수 있다.

한층 더 약한 염기에는 중탄산소듐(산성탄산소듐 또는 중조라고 부른다, $NaHCO_3$)이 있고 요리 등에도 자주 사용된다.

또한 중탄산소듐을 가열하거나 주석산, 구연산 등의 유기산과 섞으면 이들은 쉽게 이산화탄소(탄산가스)를 발생시킨다. 캐러멜(누런 설탕에 소다를 넣어 부풀렸다 식혀서 굳힌 과자)에 넣어 부풀리거나 핫케이크 반죽에 섞는 것도 중탄산소듐의 발포성을

이용한 것이다. 또 거품이 나는 입욕제도 산성탄산소듐의 발포성을 이용한 것이다.

모닥불을 태운 다음의 재 속에는 탄산포타슘이 많이 포함되어 있으므로 재를 물에 넣고 섞은 윗물은 잿물이라고 부르며, 역시 일상생활에서 약한 염기제로 사용되고 있다.

암모니아수도 우리 주변에서 사용되는 약한 염기성 약품이다. 암모니아수는 암모니아 가스(NH_3)를 물에 녹인 것이며 독특한 냄새를 가진 무색의 액체이다. 물속에서는

$$NH_3 + H_2O \rightarrow \quad NH_4^+ + OH^-$$

의 반응이 약간 진행되어 약염기성을 나타낸다.

소듐이나 포타슘을 주성분으로 하는 염기성 약품은 의복에 닿으면 수분은 증발하여도 염기는 날아가지 않는다. 그러나 암모니아수는 수분과 같이 암모니아도 휘발한다. 그러므로 암모니아수와 알코올을 섞은 액은 의류의 얼룩을 빼는 데 사용한다. 벌레에 물렸을 때 바르는 것도 암모니아수이다.

5. 소금과 염

염산의 수용액에 수산화소듐 수용액을 넣으면 염산의 산성은 차차 약해진다. pH로 나타내면 염산 수용액의 pH 0~1에서 2, 3, 4…로 점차 pH값이 높아진다. 염산과 수산화소듐의 혼합비가 1:1이 되었을 때 pH는 7이 된다. 이것을 중화라고 한다. 중화된 수용액을 끓이면 흰 결정이 생긴다. 이것은 염산도 수산화소듐도 아닌 새로운 화합물이며 화학명은 염화소듐($NaCl$), 속칭 소금 혹은 식염이라고 부른다.

산   염기

〈그림 2-5〉 산과 염기를 함께 물에 녹이면 이온을 주고받아서
중화한다

일반적으로 산과 염기가 결합하여 생긴 화합물을 염이라 한
다. 소금 혹은 식염이 그 대표적인 예다.

소금을 물에 녹인 소금물은

$$NaCl \rightarrow Na^+ + Cl^-$$

와 같이 염화소듐의 구성 성분인 소듐 이온과 염화물 이온으로
나누어진다. 이와 같은 현상을 이온의 해리라 한다.

이온이란 플러스(+)나 마이너스(-)의 전하를 가진 입자이다.
입자라고 해도 눈에 보이는 입자는 아니다. 옹스트롬(Å: 1Å=
1×10^{-10}m) 단위의 크기이므로 광학 현미경은 물론 전자 현미경
으로도 쉽게 볼 수 없으나 여러 가지 간접적인 증거로 이온이
실제로 존재하는 것을 인정하고 있다.

이온이 가장 존재하기 쉬운 곳은 수용액 속이며, 강물 한 잔

〈표 2-2〉 일본 하천의 평균 화학 조성

원소	강물(일본 전국 42 주요 하천)의 평균 농도, mg/ℓ
소듐 이온 (Na⁺)	5.1
포타슘 이온 (K⁺)	1.0
마그네슘 이온 (Mg²⁺)	2.4
칼슘 이온 (Ca²⁺)	6.3
스트론튬 이온 (Sr²⁺)	0.057
염화물 이온 (Cl⁻)	5.2
아이오딘화물 이온 (I⁻)	0.0022
플루오린화물 이온 (F⁻)	0.15
황산 상태 황 (S)	3.5
용존 규산-규소 (Si)	8.1
철 (Fe)	0.48
알루미늄 (Al)	0.36
몰리브데넘 (Mo)	0.00060
바나듐 (V)	0.0010
구리 (Cu)	0.0014
아연 (Zn)	0.0050
비소 (As)	0.0017

속에는 〈표 2-2〉에 나타낸 것과 같은 여러 가지 이온이 녹아 있다.

이들 이온의 종류와 그 농도가 물맛에 미묘하게 영향을 끼치며 유명한 물이 생기기도 한다. 또한 칼슘 이온이나 마그네슘 이온이 비교적 많이 포함된 물은 센물이며 주전자에 물때가 붙기 쉽고 비누의 거품이 잘 일어나지 않는다.

이 표에서 소듐, 포타슘, 칼슘, 마그네슘과 같은 금속 원소에 속하는 것은 모두 (+)전하를 갖는 것을 알 수 있다. 이것을 양

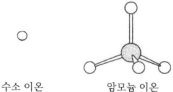

수소 이온   암모늄 이온

이온이라 부르며, 금속 이온이 될 때에는 예외 없이 양이온이
된다. 금속 이외에 양이온이 되는 것은 수소 이온(H^+)과 암모늄
이온(NH_4^+)뿐이다. 또한 금속 이온의 종류에 따라서 정전하(+)
가 1인지, 2인지, 3인지 결정된다.

예컨대 소듐, 포타슘 등은 +1가의 양이온이고 칼슘, 마그네슘
은 +2가의 양이온, 철은 +2가, +3가 두 가지의 양이온이 된다.

이것에 대해 금속 이외의 원소(비금속 원소)는 (-)전하를 갖는
다. 이것을 음이온이라 부른다. 음이온도 이것을 구성하는 비
금속 원소의 종류에 따라 여러 가지 조성, 전하의 음이온이 생
긴다.

염화물 이온(Cl^-)은 -1가의 음이온이고 질산 이온은 질소와
산소가 결합한(NO_3^-) 모양으로 -1가의 음이온, 황산 이온은 황
과 산소가 결합한(SO_4^{2-}) 모양으로 -2가의 음이온, 인산 이온은
인과 산소가 결합한(PO_4^{3-}) 모양으로 -3가의 음이온, 탄산수소
이온은 탄소, 산소, 수소가 결합한(HCO_3^-) 모양으로 -1가의 음
이온이 된다.

염산, 황산, 질산은 피부에 닿으면 화상을 입으며 극물로 지
정되어 있으나 이들의 이온, 즉 염화물 이온, 황산 이온, 질산
이온은 무해하다. 해를 끼치는 것은 해리에 의하여 방출되는
고농도의 수소 이온이다. 따라서 산의 모양으로는 해를 끼치지

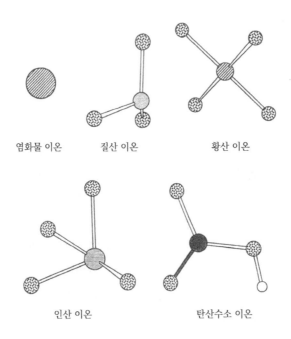

염화물 이온   질산 이온   황산 이온

인산 이온   탄산수소 이온

만, 산에 있는 수소 이온을 제거하고 남은 음이온은 무해하다.

예를 들면 염산이나 인산은 그 자신이 강산이므로 유해하나, 염화물 이온이나 인산 이온은 우리가 살아가기 위해서 반드시 섭취해야 하는 필수 성분이다. 콜라 속에도 인산 이온이 첨가되어 있다. 어느 국회에서 한 의원이 '콜라 속에는 부식성이 강한 인산이 있으니 이것은 매우 위험하다'라고 질문하여 보건사회부 직원의 눈을 휘둥그렇게 한 일이 있었다. 산의 일종인 인산과 인산 이온을 혼돈한 것이다. 산의 일종인 인산(H_3PO_4)은 부식성이 강하나, 인산 이온(PO_4^{3-})은 생물체에 필요한 성분이다.

양이온에 대해서도 똑같다. 염기로서 수산화소듐(NaOH)이나 수산화포타슘(KOH)은 강염기성이어서 피부를 부식시키나, 그것

이 중화되면서 생긴 소듐 이온(Na^+)이나 포타슘 이온(K^+)은 무
해하다. 이때도 해를 일으키는 것은 수산화소듐이나 수산화포
타슘이 해리하여 방출하는 고농도의 수산화 이온이다. 도리어
소듐 이온이나 포타슘 이온은 무해할 뿐 아니라, 살아가기 위
한 필수 성분이다. 따라서 우리는 염화소듐, 즉 소금 없이는 살
아갈 수 없다.

6. 칼슘과 칼슘 이온

석회석은 화학적으로 조개껍질과 같이 탄산칼슘이라는 화합
물로서 칼슘과 탄소와 산소로 이루어져 있다. 대리석도 화학적
으로는 석회석과 질이 같다. 석회석이 긴 세월 동안 지열과 압
력에 의해서 깨끗한 결정으로 변한 것이 대리석이다.

석회석이나 조개껍질을 고온으로 가열하면 칼슘에 결합했던
이산화탄소가 날아가 버리고 나중에 생석회의 흰 덩어리가 남
는다. 화학명은 산화칼슘이고 칼슘과 산소가 결합한 것이다. 생
석회의 산소를 금속 알루미늄이나 금속 실리콘으로 탈취하면
나중에는 금속 칼슘이 남는다.

$$CaCO_3 \xrightarrow{\text{가열}} CaO + CO_2$$

석회암 　　　　　 생석회　 이산화탄소

(탄산칼슘)　　　　　　　　 (탄산가스)

$$3CaO + 2Al \rightarrow 3Ca + Al_2O_3$$

생석회　 금속 알루미늄　 금속 칼슘　 산화알루미늄

(산화칼슘)

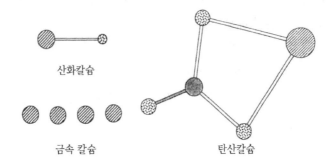

산화칼슘

금속 칼슘   탄산칼슘

　　바로 생긴 금속 칼슘은 알루미늄과 흡사한 광택을 가진 백색 금속이지만 공기 중에서는 곧 회백색으로 변해 버린다. 이 백색으로 빛나는 금속 덩어리가 칼슘 원자의 본모습이라 할 수 있다. 칼슘에 한정하지 않고 철, 구리, 아연 같은 금속 원소의 원자는 금속 상태로 존재한다.

　　금속 칼슘의 작은 덩어리를 물속에 집어넣으면 불꽃을 내면서 물과 반응하며, 그때 물 분자는 금속 칼슘으로 환원된다. 다시 말하면 물 분자가 해리하여 생긴 수소 이온이 수소 기체로 환원되면서 동시에 금속 칼슘은 +2가의 칼슘 이온으로 산화된 것이다. 전자를 주고받는 것으로 설명하면 수소 이온은 금속 칼슘에서 전자를 얻어서 수소 기체가 되고 칼슘은 전자 2개를 잃어서 칼슘 이온이 된다. '제II부-11. 산소와 산화'에서 설명하는 것처럼 전자를 받는 것을 환원이라 하고 전자를 잃는 것을 산화라 한다.

$$Ca \ + \ 2H_2O \ \rightarrow \ \ Ca(OH)_2 \ + \ H_2$$

　　금속 칼슘　　물　　　　수산화칼슘　　수소 기체

금속 칼슘과 칼슘 이온의 차이는 플러스 2가의 이온 전하의 유무이다. 금속 칼슘 1원자에서 전자 2개를 제거하면 칼슘 이온이 된다. 탄산칼슘(석회석), 산화칼슘(생석회), 또는 도로의 눈을 녹이는 데 사용하는 염화칼슘 등 여러 가지 칼슘의 화합물이 있으나 이들은 모두 칼슘 이온의 화합물이다. 예컨대 염화칼슘을 물에 녹이면 칼슘 이온과 염화물 이온으로 해리한다.

$$CaCl_2 \rightarrow \quad Ca^{2+} + 2Cl^-$$

염화칼슘　칼슘 이온 염화물 이온

또 강물, 바닷물, 지하수 등에도 석회석이 빗물에 녹아들어 생긴 칼슘 이온이 있다. 칼슘이 다른 원소와 결합하지 않고 단독으로 존재하는 것은 금속 칼슘의 상태뿐인데, 천연에서는 금속 칼슘으로 존재하지 않는다.

이 사실은 칼슘에 한정된 것이 아니고 모든 금속 원소에 해당한다. 철, 구리, 이온, 아연 등 여러 가지 금속이 있으나 그들 화합물은 모두 철 이온, 구리 이온, 아연 이온의 화합물이다.

금속 상태의 철, 구리, 아연은 극히 특수한 경우를 제외하고는 천연에 존재하지 않으며 제련소에서 이들의 이온을 환원하여 금속을 만든다.

예컨대 철광석으로 채굴된 것은 산화철이다. 이것은 용광로 속에서 코크스(Coke: 탄소)와 같이 가열하면

$$2Fe_2O_3 + 3C \rightarrow 4Fe + 3CO_2$$

의 반응식으로 산화철의 산소가 코크스의 탄소와 결합하고 녹은 철이 용광로의 바닥에 흘러나온다.

또 알루미늄은 천연에서 보크사이트(Bauxite)라는 광석으로 존재한다. 보크사이트 속에서 알루미늄은 산화알루미늄 형태로 존재하며 알루미늄 제련 공장에서는 전기로 속에서 가열하면서 전기분해하여 전기적으로 환원해 금속 알루미늄을 얻는다. 제련 공장에서는 다량의 전기를 소비하므로 알루미늄은 전기의 덩어리라고도 말할 수 있다.

금속 중에도 금, 은만은 예외로 산화되기 어려우므로 천연에서 사금 등의 형태로 금속 상태의 금, 은이 발견된다.

우리는 건강한 생활을 하기 위해서 여러 가지 미량의 미네랄 성분을 섭취해야 한다.

보통 편식하지 않고 여러 가지 음식을 먹으면 필수 미네랄 성분은 충분히 공급될 것이다.

이들의 미네랄 성분도 체내에서 흡수될 때에는 모두 이온의 형태로 흡수되고 혈액에 의해 필요한 기관에 전달된다.

7. 바륨과 염

위를 투시할 때 마시는 약품에 바륨이 있다. 정확한 이름은 황산바륨이고 황산의 바륨염이다.

황산바륨을 물에 타서 마시면 황산바륨의 현탁액이 소화기 속에 흘러들어가는 것을 모니터를 통하여 잘 볼 수 있다. 황산바륨이 있는 부분만 X선이 통과하지 않으므로 위벽에 궤양이 있으면 그 울퉁불퉁한 것을 읽을 수 있게 된다.

왜 황산바륨이 아니면 안 되는가?

실은 X선 통과의 어려움은 원소의 원자 번호 또는 원자량과 관계가 있다.

앞에서 말했듯이 원소를 가벼운 원소(원자량이 작은 원소)에서 무거운 원소(원자량이 큰 원소)순으로 나열하면 원소 성질의 규칙성을 찾아낼 수 있다. 이때의 순서를 원자 번호라고 하며, 이 일람표를 원소 주기율표라고 부르고, 〈표 1-1〉에 나타낸 것과 같다.

X선이 투과하기 어려운 순서를 말하면 원자 번호가 클수록 X선은 통과하기 어렵다. 이와 같은 관점에서 우리 주변의 원소를 주기율표에서 골라보면 바륨 외에도 백금, 금, 수은, 납, 아이오딘 등이 있다.

X선의 조영제로는 이와 같은 원소를 포함하는 것이면 어떤 것이든 상관없지만, 몸에 섭취할 때 무해하고 쉽게 배설되어야 한다.

백금, 금은 값이 비싸므로 바륨과 같이 많이 마시고 화장실에서 배설할 수 없다. 수은은 해롭다. 바륨도 바륨 이온은 해로우나, 황산바륨은 다행히 물에 녹기 어렵다. 1ℓ의 물에 불과 1.5㎎밖에 녹지 않으므로, 거의 녹지 않는다고 생각해도 좋다.

병원에서 마시는 바륨은 황산바륨 가루를 물에 녹인 것이다. 검사가 끝난 다음 배설을 안 하면 대장 속에서 수분만 흡수하여 고체의 황산바륨이 장 속에서 굳어버리므로 큰일난다. 굳어지기 전에 설사약을 마셔서 빨리 배설해야 한다.

황산바륨은 물에 거의 녹지 않으나 같은 황산염이라도 금속 이온이 다르면 물의 용해도가 달라진다.

황산칼슘은 황산바륨에 비하면 물에 녹기 쉽고, 또 물을 흡수하는 성질이 있다. 황산칼슘의 결정은 100℃ 이상으로 가열하면 황산칼슘과 결합하고 있던 수분이 대부분 날아가서 흰 가

루가 된다. 이것을 석고라고 부른다. 소석고에 물을 넣어 틀에
부으면 약 30분 동안 굳어진다. 굳을 때 부피가 증가하므로 정
밀한 주물 형태를 뜨는 데 편리하다. 그 성질을 이용하여 골절
을 당했을 때 뼈를 고정하거나, 치과 의사가 의치의 틀을 만들
때 사용한다.

황산소듐은 물에 잘 녹는 흰 가루이다. 망초(芒硝)라고 부르
며, 공업용으로 널리 사용하는 것 외에 입욕제 등에도 배합하
여 사용한다.

입욕제는 황산소듐과 같은 무기염을 바탕으로 여러 가지 감
미로운 향료를 넣은 것이다. 입욕제를 녹인 물에서 목욕을 하
면 몸이 따뜻해지고, 살결이 부드러워지는 효과가 있다. 또 향
료 때문에 목욕을 마치고 나면 상쾌하다.

온천 붐으로 온천의 유효 성분을 첨가한 것, 흐린 탕의 감
각을 내기 위하여 탄산칼슘의 고운 가루를 첨가한 것 등이 생
겼다.

또한 탄산수소소듐과 구연산이나 주석산 등의 고형 유기산을
배합한 입욕제는 목욕탕 물에 넣으면 두 성분이 반응하여 탄산
가스 거품을 낸다. 발포성 입욕제는 이 원리에 의한 것이고 거
품에 의한 자극은 스트레스 해소에 효과가 있다.

인산의 염, 특히 인산소듐은 세제의 세정 효과를 높일 목적
으로 합성 세제에 배합되어 있는데 오늘날에는 환경 보호의 이
유 때문에 사용하지 않는다. 인산 이온은 생물이 살아가는 데
필요한 영양소의 하나이므로, 인산 이온을 포함한 생활 폐수가
강물이나 연못에 흘러 들어가면 조류나 식물 플랑크톤이 이상
하게 번식하거나 적조 등의 원인이 된다.

붕산은 온천수 등에 천연으로 존재하며, 붕산의 소듐염은 붕사라고 부른다. 붕산은 약염기성을 띠므로 화장수 등에 배합되는 경우가 있다.

염산이나 질산은 우리 주변에서 사용되는 경우가 없으나 염산의 염, 질산의 염은 많이 사용된다. 염산의 소듐염은 염화소듐(다른 이름은 소금)이며, 소금 없이 우리는 살 수 없다.

염산의 칼슘염은 염화칼슘이라고 부른다. 염화칼슘을 100℃ 이상으로 가열, 건조시킨 무수(無水)염화칼슘은 흡습성이 매우 강해서 공기 중의 수분을 흡수하여 염화칼슘 육수염(六水塩)이 된다. 이 때문에 의류나 식품 건조제로 널리 사용한다. 수분을 계속 흡수하면 흡수한 수분으로 염화칼슘이 녹아 전체가 액체가 된다. 이와 같은 현상을 조해(潮解)라고 한다.

조해된 용액의 맛은 쓰고 식품에 묻으면 풍미를 잃으므로 조해하기 전에 교환하는 주의가 필요하다. 염화칼슘이 조해하기 쉽다는 것은 염화칼슘이 물에 녹기 쉽다는 것을 뜻한다. 0℃의 물에도 50g 이상 녹으며, 눈도 녹이기 때문에 도로의 눈을 녹이는 데 대량으로 사용한다.

8. 쇳녹과 산화물

금방 갈아서 번쩍번쩍하는 식칼도 쓰지 않고 내버려두면 붉게 녹슨다. 이것은 철의 표면이 산화되어 산화철이 되기 때문이다.

지구 대기의 1/4은 산소이므로 금속을 공기 중에 놔두면 속도야 어떻든 표면은 산화된다.

물론 금속의 종류에 따라서 산화되는 차이가 있다. 금이나

은 또는 백금 등의 귀금속은 산화되기 어렵고, 언제까지나 광채를 잃지 않는다. 이러한 이유로 사람들은 귀금속을 소중히 여긴다. 알루미늄이나 주석도 녹슬기 어려운 금속으로 알려져 있으나 사실 표면은 산화되기 쉽다. 다만 표면에 산화알루미늄이나 산화주석의 투명하고 치밀한 피막이 생기므로 속까지 산화하지는 않는다.

알루미늄의 산화물은 알루미나(Al_2O_3)라고 하며, 열적으로 안전하고 기계적으로도 강하며 새로운 세라믹의 원료로서 중요하다. 보석으로 사랑받는 루피, 사파이어도 산화알루미늄이 마그마 속에서 결정화된 것이다. 속에 포함된 미량의 금속에 따라서 크로뮴을 포함하면 붉은색의 루피가 되고, 철, 타이타늄을 포함하면 파란색의 사파이어가 된다.

산화알루미늄을 2,000℃ 이상의 높은 온도로 가열하면 질척질척하게 녹으며, 천천히 식혀서 결정을 만들면 인공의 루비와 사파이어를 만들 수 있다. 인공적으로 합성된 루피와 사파이어가 도리어 결정에 흠이 없고 깨끗한 보석이 되나, 사람들은 다소 흠이 있는 천연석을 귀하게 평가한다.

부엌에서 자주 사용되는 알루마이트 가공의 알루미늄 냄비나 주전자도 산화알루미늄을 응용한 것이다. 알루미늄의 표면을 전기화학적으로 강제로 산화하여 내식성인 산화알루미늄의 피막을 입히면, 알루미늄의 내식성이 향상될 뿐 아니라 피막을 염색할 수도 있으므로 색색의 알루미늄 제품을 만들 수 있다.

산화알루미늄은 자연계에도 널리 분포되어 있고 암석, 토양의 주요 구성 요소 중 하나이다.

산화알루미늄과 같이 지구상에 널리 분포하는 산화물에는 산화규소(SiO_2)가 있다. 천연에서 산출되는 가장 순수한 형태의 산화규소 결정은 수정이다. 수정과 같이 투명하고 큰 결정은 아니고 작은 결정이 모인, 약간 순도가 떨어진 산화규소는 석영이라 부르며 해안의 흰 모래가 그 대표적인 보기이다.

산화규소를 1,800℃ 이상으로 가열하여 질척질척하게 녹여서 식히면 유리와 같이 굳어진다. 이것을 석영 유리라고 부르는데 보통의 유리보다 훨씬 내열성이 좋다. 또한 자외선을 잘 통과시키므로 광학 기기의 부품을 만드는 데 사용한다.

응용된 석영을 잡아 늘이면 머리카락보다 가는 석영 섬유가 된다. 높은 순도의 석영을 사용하면 매우 투명도가 높은 석영 섬유를 얻는다.

이와 같은 섬유를 사용하면 수십 킬로미터의 거리에 걸쳐 빛을 통과시킬 수 있다. 오늘날 태평양 횡단 광섬유 케이블을 계획했는데 그 주역은 석영 유리의 광섬유이다.

산화규소는 그 제조법에 따라서 우무와 같은 겔 모양의 산화규소를 만들 수 있다. 이 겔을 알갱이 모양으로 말린 것을 실리카겔이라 부른다. 실리카겔은 알갱이 속에 지름 1~10Å 크기의 작은 구멍이 무수히 많은 것이 특징이다. 따라서 실리카겔 알갱이가 갖는 표면적은 450㎡/g에 이른다. 게다가 산화규소의 표면에는 수분이 흡착되기 쉽기 때문에 건조력이 강하다.

실리카겔은 위생상 해가 없고 무미 무취하므로 식품이나 의약품의 건조제로 널리 사용하고 있다.

석영, 탄산소듐, 석회석을 대략 70:25:5의 무게비로 섞고 약 1,400℃에서 용해하여 식히면 유리가 된다. 이 유리를 소다 유리라고 부르며 오늘날 우리가 유리로 쓰는 것은 대부분 이 조

성의 것이다. 석영 유리에 비하면 비교적 낮은 온도에서 가공
할 수 있고 값싸게 대량 생산할 수 있다.

9. 숯과 다이아몬드

'숯도, 연필심도, 다이아몬드도 모두 탄소다'라는 말을 들으
면 놀라겠지만, 특히 다이아몬드는 상당히 순수한 탄소이다.

유기 화합물을 밀폐된 상태에서 태우면 숯이 남는다. 목재를
밀폐된 상태에서 태운 것이 숯이다. 숯을 태우면 흰 재가 남는
것에서 알 수 있듯이 숯은 순수한 탄소가 아니고 몇 퍼센트의
재 성분을 포함한다.

숯 속의 탄소 원자끼리는 상당히 자유롭게 결합하고 있는데,
이와 같은 탄소를 비결정형(또는 무정형) 탄소라고 부른다.

냉장고 탈취제에 사용하는 활성탄도 비결정형 탄소의 일종이
다. 활성탄은 목재를 특수한 방법으로 밀폐된 곳에서 태운 것
이고, 야자 껍질 활성탄은 특히 흡착력이 강해서 탈취제와 담
배의 필터에도 사용되고 있다.

이것에 비해 서로 결합이 규칙적이고 결정형인 탄소가 흑연
(Graphite)이다. 건전지의 전극에 사용하는 검은 막대가 흑연이
다. 또한 흑연 가루를 점토나 플라스틱으로 가는 막대 모양으
로 성형한 것이 연필심이다. 화학적으로 안정하고 전기가 통하
기 쉽다.

최근 골프채나 낚싯대의 재료로도 인기가 높은 탄소 섬유도
탄소의 골격 구조로 말하면 흑연의 친척이다.

미국의 발명왕 토머스 에디슨이 처음으로 백열전구를 만들
때, 전구 안의 필라멘트 재료로 교토(京都)산 대나무를 밀폐한

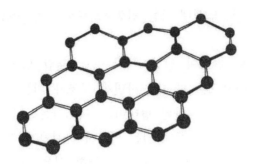

흑연의 탄소 결합

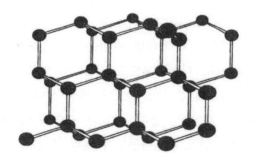

다이아몬드의 탄소 결합 모양

상태에서 태워서 만든 탄소 필라멘트를 사용해서 성공할 수 있었다. 이것이 탄소 섬유의 원조라고도 할 수 있다.

오늘날 생산되는 탄소 섬유는 '아크릴' 등의 합성 섬유를 밀폐한 상태에서 태워 만든 것이다.

내열성이 좋고 가볍고 강하다는 특징 때문에 개발 당시에는 로켓이나 미사일 등 주로 우주 또는 군용으로 사용했다. 그러나 1959년 이래 일본의 기술로 기계적 강도가 더욱 우수한 섬유가 값싸게 대량 생산되었으므로 항공기용을 비롯해서 골프채, 테니스 라켓, 낚싯대 등등 민생용으로도 대량 사용할 수 있게 되었다.

다이아몬드도 탄소의 결정이지만 탄소 결합 양식이 흑연과 다르다. 다이아몬드는 메탄의 사면체 구조가 기본이고 메탄의 수소가 모두 탄소로 치환된 형태이다. 다이아몬드는 땅에서 수십 킬로미터의 깊숙한 곳에 있는 마그마가 갑자기 지표에 돌출하여 마그마 속에 존재하던 탄소가 급히 식은 마그마 속에서 결정화되어 생긴 것이라고 추정한다.

그 결정의 아름다움, 반짝임, 단단함 때문에 보석의 여왕으로서 사랑을 받고 있다.

탄소에 고온, 고압을 가하면 다이아몬드가 되므로 오늘날에는 수 캐럿의 인조 다이아몬드도 만들 수 있다. 품질도 천연 다이아몬드와 비교해 손색이 없으나 제조 설비의 비용을 생각하면 계산이 안 맞는 것 같다. 그러나 산업용 다이아몬드(절삭 공구의 날 등)에는 인조 다이아몬드가 널리 쓰인다.

또한 고도의 과학기술 중 하나인 플라스마를 이용하면 상압에 가까운 조건에서 다이아몬드의 고운 가루를 만들 수 있으므로 이 기술로 만들어진 다이아몬드의 얇은 막은 전자 재료로 주목받고 있다.

10. 아스베스토스

아스베스토스(Asbestos)는 석면이라는 이름과 같이 광물의 일종이다. 그러나 천연에서 솜 모양으로 산출되는 것이 아니고 사문암(蛇紋岩), 각섬석(角閃石) 등이 바늘 모양의 결정이 된 것이다. 이와 같은 암석을 깨면 솜과 같은 모양의 섬유가 된다. 주성분도 산화규소, 철, 칼슘, 마그네슘 등이고 개개의 성분을 보면 독성은 없으나 아스베스토스 결정의 고운 가루가 호흡기에 흡입되면 암이 되기 쉽다는 이유 때문에 아스베스토스는 근년에 눈의 숙적이 되고 말았다.

아스베스토스는 광물이면서 나긋나긋한 섬유 상태이며 실을 뽑아서 천을 짤 수도 있고 종이와 같이 공들여 만들 수도 있다. 그러나 이들 아스베스토스 제품은 내열성, 단열성, 내후(耐候)성이 탁월하므로 방화성 재료, 보온 재료, 내열성 패킹 따위로 널리 사용되었다. 또한 방화성, 내후성이 인정되어 도장용이나 건축용 자재(아스베스토스 판) 등의 응용도 많았다.

그러나 아스베스토스 분진에 발암성이 있다는 것이 명백해진 이후부터 탈(脫)아스베스토스의 움직임이 가속되었다.

예컨대 오랫동안 사용되어 온 아스베스토스 판은 이상적인 건축자재이다. 콘크리트만으로 이루어진 시멘트 판은 강도(특히 구부리는 강도)가 약하며 금이 가서 갈라지기 쉽다.

그러나 아스베스토스를 몇 퍼센트 섞은 시멘트 판은 강도가 비약적으로 향상된다. 게다가 아스베스토스와 시멘트의 성질이 잘 맞아서 잡아당기는 강도, 구부리는 강도가 우수하고 내후성도 좋다. 이와 같은 이유로 건축물의 외장, 지붕에 널리 사용되었다.

탈(脫)아스베스토스 운동이 고조된 후에 건축용으로 아스베스토스가 들어간 판의 대용품이 많이 연구되었다. 시멘트 판에 섞은 섬유의 구비 조건은

  1. 섬유의 강도가 클 것
  2. 시멘트의 접착성이 좋을 것

3. 시멘트는 염기성이 강하므로 내염기성이 강한 섬유일 것

등이다.

석면의 대용 섬유로서 유리 섬유, 탄소 섬유 등의 무기 화합물 이외에 비닐, 아크릴 등의 합성 섬유까지 여러 가지 섬유가 연구되었으나 성능, 가격 면에서 가장 실용성이 좋은 것은 비닐론 강화 시멘트 판인 것 같다.

11. 산소와 산화

우리를 둘러싼 대기의 1/4은 산소이다. 우리는 산소를 마시며 살고 있다. 무쇠를 공기 중에 놔두면 천천히 녹슬게 된다. 이것은 무쇠가 산소와 결합하여 산화철이 생기기 때문이다. 산소와 결합하는 것을 산화라 하며, 산화 반응을 일으키는 화학 물질을 산화제라 한다. 철의 산화를 화학식으로 쓰면 다음과 같다.

$$4Fe + 3O_2 \rightarrow 2Fe_2O_3$$

철   산소   산화철

프로판 가스나 석유가 타는 것도 산화 반응이다. 그 증거로, 공기(산소)를 차단하면 불이 꺼진다.

또 프로판 가스나 석유의 주성분인 탄소가 산화되어 생긴 이산화탄소(탄산가스)가 연소 배기가스 중에 많이 포함되어 있다.

예컨대 프로판 가스의 연소를 화학 반응식으로 나타내면 다음과 같다.

$$H-\overset{\overset{\displaystyle H}{|}}{\underset{\underset{\displaystyle H}{|}}{C}}-\overset{\overset{\displaystyle H}{|}}{\underset{\underset{\displaystyle H}{|}}{C}}-\overset{\overset{\displaystyle H}{|}}{\underset{\underset{\displaystyle H}{|}}{C}}-H + O_2 \longrightarrow 3CO_2 + 4H_2O$$

      프로판   산소   이산화탄소 물

우리가 음식을 먹고 살아가는 것 역시 산화 반응이라고 말할 수 있다. 섭취한 녹말이나 지방이 체내에 흡수되면 폐에서 흡입한 산소가 혈액에 의해 말단 조직으로 운반되어 녹말, 지방이 산화된다. 이렇게 사는 데 필요한 에너지를 얻게 되므로 체온이 유지된다. 또한 산화 생성물은 이산화탄소가 되어 폐를 통해 나간다.

산소는 가장 친근한 산화제이지만 산소 외에 여러 가지 산화제가 우리 주변에서 많이 사용되고 있다.

또한 산화제에 의해 미생물이 죽는 성질을 이용하여 살균 소독제로 사용하는 것이 과산화수소(H_2O_2)이다. 진한 과산화수소수는 종이나 헝겊에 묻으면 탈 정도로 강한 산화제여서 극약으로 지정하였으나 1~3% 정도의 묽은 과산화수소수는 살균 소독약 이외에도 양칫물로 사용된다.

과산화수소

또한 산화제는 식기의 때도 산화 분해하기 때문에 표백 소독제를 겸한 것도 많다.

팍스, 브라이트, 옥시크린, 락스 등의 상품명으로 알려진 표백제는 하이포염소산소듐(NaClO)의 수용액이며 대표적인 액체

72

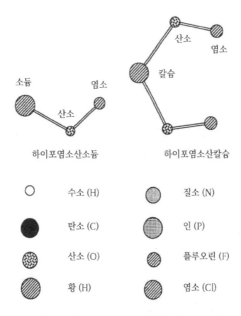

콩을 세공한 모양으로 사용한 원소 표시

표백 소독제이다. 소독제나 표백제로 사용하는 표백분도 본래 하이포염소산칼슘〔Ca(OCl)₂〕이고 앞의 하이포염소산소듐의 친척이며 모두 염소계 표백제로 분류한다.

이런 종류의 염소계 표백제는 보관 중에 분해를 방지하기 위해 그 용액을 염기성으로 하는 것이 보통이다. 한편, 염산 등의 산을 주성분으로 한 세정제도 판매되고 있으며, 이 두 가지를 함께 사용하면 하이포염소산이 분해하여 다음 반응식에 따라 유독한 염소가스가 발생한다.

$$NaClO + 2HCl \rightarrow NaCl + H_2O + Cl_2$$

하이포염소산소듐　　염산　　　소금　　물　　염소가스

특히 욕실이나 화장실과 같은 밀폐된 방에서 염기성인 표백제와 산성의 세정제를 섞어서 쓰면 염소가스에 쉽게 중독된다. 최악의 경우에는 염소가스 중독으로 사망한 예도 있으므로 두 가지를 절대로 섞어서 쓰지 않도록 주의해야 한다.

이 점에서 과산화수소계의 표백제는 산성의 세정제와 혼용해도 독성이 강한 염소가스를 만들지 않으므로 안전하다. 이와 같은 과산화수소계의 액체 표백제도 시중에 판매되고 있다.

또한, 이상과 같은 액체 표백제 외에 분말의 산소계 산화제를 배합한 것도 있다(슈퍼타이, 하이타이 분말, 파워크린 등). 예컨대 과탄산소듐($2Na_2CO_3 \cdot 3H_2O_2$), 과붕산소듐($NaBO_3$), 혹은 과황산소듐($Na_2S_2O_8$) 등을 포함한 것들이고 사용할 때 물에 녹이면 모두 산소를 발생시켜 더러운 부분을 산화하여 표백 작용을 한다. 이 종류의 가루 표백제도 본질적으로는 산소계 표백제이므로 산성의 세정제와 혼용해도 염소 기체를 발생시킬 염려가 없다.

또 이 종류의 분말 표백제 중에는 밀가루 표백을 목적으로 식품에 첨가할 수 있도록 승인한 것도 있다. 예컨대 과황산암모늄〔$(NH_4)_2S_2O_8$〕이나 과산화벤조일〔$(C_6H_5CO)_2O_2$〕 따위의 산화제는 밀가루의 표백제로서 밀가루 1kg당 0.3g 이하의 사용이 승인되었다.

철의 산화 반응을 좀 더 자세히 조사해 보자. 최초에 금속 상태의 철이 산화철이 되면 산화철이 된 철은 +3가의 철 이온이 된다. 금속 상태의 철은 전하가 0인 원자이므로 3가의 철 이온이 되려면 철 1원자가 전자 3개를 방출해야 한다.

철에서 튀어나간 전자를 산소가 받았다. 산화 반응의 초기에

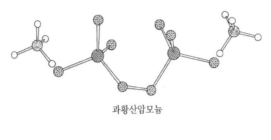

과황산암모늄

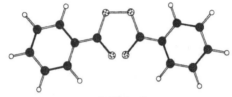

과산화벤조일

는 산소도 전하가 0인 분자 상태의 산소이지만 철의 전자를 빼앗아서 마이너스 2가의 산소 이온이 되었다.

$$4Fe \quad + \quad 3O_2 \quad \rightarrow \quad 2Fe_2O_3$$

전자 3개×4 　　 전자 2개×6

　잃음 　　　　　　받음

여기서 철 4원자는 산소 3분자에 의해서 산화되고 산소는 금속 철에 의해서 환원된다고 말할 수 있다.

그러므로 전자를 잃는 것이 산화 반응이고 전자를 얻는 것이 환원 반응이라고 할 수 있다. 이 정의에 따르면 산소가 관여하지 않는 반응이라도 전자의 주고받음으로 산화, 환원 반응을 생각할 수 있다.

예로 금속 마그네슘은 염소 기체 속에 넣으면 심하게 탄다.

산화   환원

〈그림 2-6〉 전자를 잃는 것이 산화이고, 전자를 받는 것이
환원이라고 할 수 있다

이 반응은

$$Mg + Cl_2 \rightarrow MgCl_2$$

마그네슘   염소 기체   염화마그네슘

로 나타낼 수 있다. 마그네슘은 염소 기체에 전자 2개를 주어
서 마그네슘 이온으로 산화된다. 동시에 염소 분자는 전자 2개
를 받아서 염화물 이온으로 환원된다.

이들의 보기에서 알 수 있듯이 산화와 환원은 동시에 일어나
고 방패의 양면과 같은 것이다.

지구상에서 산소에 의한 산화 반응만 눈에 띄어 동시에 산소
자신은 환원된다는 것을 못 보고 넘겨서는 안 된다.

12. 수소와 환원

먼저 앞에서 말한 산화, 환원은 전자를 주고받는 것으로 설
명할 수 있으나, 산소와 수소를 주고받는 것으로도 설명할 수

있다. 즉, 상대 물질에 산소를 주거나 상대 물질로부터 수소를 빼앗는 것을 산화라고 한다. 거꾸로 상대로부터 산소를 받거나 상대에게 수소를 주는 것을 환원이라 한다. 산소를 빼앗거나 수소를 상대에게 주기 쉬운 물질을 환원제라고 한다.

산소의 주고받기, 수소의 주고받기를 생각하면 A가 산소를 잃고 B가 그 산소를 받는다. 이때 A는 환원되고 B는 산화된다. 또 A는 산소를 잃으므로 산화제이고, B는 A로부터 산소를 빼앗으므로 환원제라고 말할 수 있다.

다시 말해 산화와 환원은 방패의 양면과 같아서 산화가 일어나면 반드시 환원도 일어난다. 산화와 환원만 단독으로 일어나는 일은 없다.

과산화수소는 상대를 산화하므로 산화제이지만 과산화수소 자신은 환원되고 물이 된다.

수소를 주고받는 것도 똑같이 상대에게 수소를 주는 것이 환원제, 상대로부터 수소를 받는 것이 산화제라는 것이다.

앞에서 말했듯이 지구 대기는 산소를 포함하므로 공기 중에 물질을 내놓으면 조만간에 산화된다. 쇠붙이가 녹이 슬고, 은수저의 광택이 희미해지는 것도 산화이다.

한편, 공기를 차단하여 밀봉하면 산화를 방지할 수 있다. 불 없는 주머니 난로도 플라스틱 주머니 속에 밀폐하여 두면 산화하지 않으므로 몇 년이고 보관할 수 있다.

이와 같이 공기를 차단하는 것은 산화를 방지하는 현명한 방법이기도 하지만, 보다 더 적극적으로 공기 중의 산소를 제거할 수도 있다.

예컨대 식품의 보존성을 좋게 하기 위하여 상품명 '에이지레스'라는 것이 식품과 같이 밀봉되어 있다. 이것은 밀봉 용기 속의 산소를 제거하기 위한 화학물질이다. 화학물질이라고 해서 대수로운 것은 아니다. 금속 철의 고운 가루를 통기성이 좋은 주머니에 싸서 넣은 것이다. 철의 고운 가루는 매우 산화되기 쉽다. 따라서 밀봉 용기 안의 산소를 빠르게 제거할 수 있다. 또 포장 용기의 필름을 통과하는 미량의 산소도 흡수한다. 그러므로 식품의 변질을 방지하는 것이다.

이 경우에 철가루는 상대로부터 산소를 빼앗으므로 일종의 환원제이며, 그 자신은 산화된다.

일반적으로 환원제는 공기 중 산소에 의해 쉽게 산화되기 때문에 불안정하여 가정에서 화학물질로 사용할 기회가 없다.

예로 사진을 현상할 때 정착제로 사용하는 티오황산소듐(하이포)은 환원제의 일종이다.

13. 프로판 가스

가정에서 연료로 쓰는 프로판 가스는 가연성 유기 화합물의 대표적 보기이다.

유전에서 석유와 같이 분출하는 천연가스의 주성분이고 탄소와 수소로 이루어졌으므로 이 종류의 화합물을 탄화수소라고 부른다.

프로판의 분자 구조는 그림과 같이 탄소 3개, 수소 8개로 되어 있다.

이 종류의 화합물에서 가장 간단한 것은 메탄, 그다음이 에탄, 프로판순이다. 어느 탄소에서도 4가닥의 손이 나와 있고, 수소에서 1가닥의 손이 나와 있다. 이와 같이 중심의 골격에

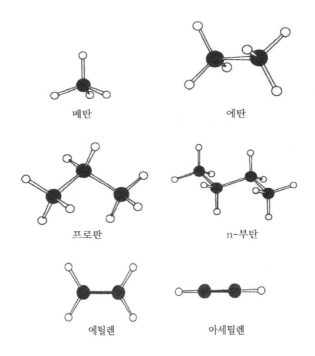

탄소가 연결되고 그 탄소에 모두 수소가 결합한 구조의 탄화수소를 포화 탄화수소라고 부른다.

유전에서 분출하는 천연가스는 메탄을 주성분으로 하는 연료로서 산유국에서 냉각, 압축하여 냉동 탱크로 운반된다. 이것을 LNG(액화천연가스)라고 한다. 주로 화력 발전소의 연료나 도시가스에 사용된다.

반면 석유 화학 공장에서 부생(副生)하는 프로판, 부탄 등 탄소 수 3~4의 탄화수소를 압축 액화하여 봄베(Bombe)에 채운 것이 가정용이나 자동차용 연료에 사용하는 LPG(액화석유가스)이고 프로판이 주성분이므로 프로판 가스라고도 부른다.

메탄, 에탄, 프로판은 모두 포화 탄화수소이다. 그런데 에틸

에탄

에틸렌

아세틸렌

〈그림 2-7〉 같은 탄화수소라도 탄소끼리 결합하는 손의 수가
다르면 화학적 성질도 달라진다

렌이나 아세틸렌과 같이 수소 수가 부족한 탄화수소도 알려졌
다. 수소 수가 부족한 것은 탄소-탄소의 결합의 손이 이중, 삼
중으로 되어 있다.

이와 같은 화합물을 불포화 탄화수소 또는 불포화 화합물이라
부르며, 이중 결합을 가진 화합물은 올레핀류, 삼중 결합을 가진
화합물은 아세틸렌류라고 부른다. 불포화 탄화수소는 이중, 삼중
결합 부분에 다른 원자를 차지해서 안전한 포화 화합물로 변하
는 경향이 강하므로 화학 반응성이 크다. 그 때문에 화학 공업
에서 여러 가지 화학제품의 원료로 대량 생산되고 있다.

이같이 탄소 수가 1~4개인 탄화수소는 상온, 상압에서 기체
이다. 다만, 프로판이나 부탄과 같이 탄소 3~4개의 탄화수소는
압력을 높이면 액체가 된다. 가정에서 쓰는 프로판 가스의 봄
베 속에는 액화 프로판이 존재하고, 택시의 LP가스도 프로판,

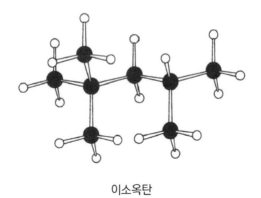

이소옥탄

부탄을 액화한 것이다.

탄소 수가 5~10개가 되면 상온에서도 액체가 된다. 대표적인 보기가 가솔린, 등유 등이고 이들은 모두 여러 가지 탄소 수를 가진 탄화수소의 혼합물이다. 탄소 수가 많은 탄화수소일 수록 끓는점이 높아지며 휘발하기 어렵다. 말할 것도 없이 가솔린 쪽이 등유보다도 휘발하기 쉬운데, 이것은 가솔린에 포함된 탄소 수가 등유의 탄소 수보다 적기 때문이다.

가솔린 중에서 가장 옥탄가(휘발유의 내폭성을 나타내는 수)가 높은 탄화수소인 이소옥탄은 탄소 8개의 탄화수소이고 그 분자구조는 위 그림과 같이 탄소의 골격에 가지가 있다.

탄소 수가 더 많아져 10개가 넘으면 걸쭉한 액체나 밀랍(왁스)과 같은 덩어리가 되어 상온에서는 거의 휘발하지 않는다. 엔진 오일, 액체 파라핀이나 스콸렌 따위가 이 부류에 속한다. 스콸렌은 인간 피부의 지방분 속이나 상어의 간유 속에 있으며 화장 크림 등에 배합되어 있다. 또한, 양초의 원료인 파라핀 밀랍도 탄소 수가 많은 탄화수소의 혼합물이다.

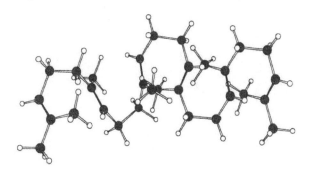

스쿠알렌

유전에서 퍼낸 원유는 여러 가지 탄화수소의 혼합물이다. 정유 공장에서 이 원유를 증류 솥에 넣고 증류하면 탄소 수가 적고 끓는점이 낮은 성분부터 차례로 나온다.

맨 처음 나오는 것은 에탄, 프로판, 부탄 등의 가벼운 성분이고, 이어서 가솔린 성분, 등유 성분으로 계속된다. 마지막에 300℃ 이상에서 증류된 것이 중유이다. 솥에 남은 것이 석유 타르이다. 파라핀 밀랍은 중유에서 분리, 정제하여 만든다. 또 도로 포장에 사용하는 아스팔트는 석유 타르를 원료로 하여 만든다.

14. 프레온

최근 프레온으로 인한 대기 상층의 오존층 파괴가 지구 환경 오염에 큰 문제가 되었다.

프레온이 오존을 분해하여 오존 농도가 낮아진 부분이 남극, 북극 상공에서 관측되었다. 이것을 오존홀이라 부르는데 근래에 오존홀이 점점 커져가고 있다.

82

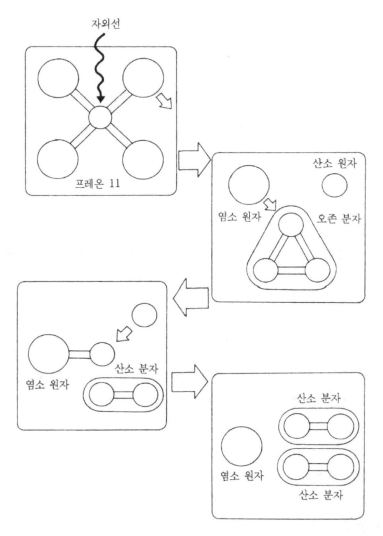

〈그림 2-8〉 자외선으로 분해된 프레온 기체로부터 생긴 염소 원자가 오존
　　　　　분자에 작용하여 산소 원자 1개를 끌어낸다. 염소 원자 1개로
　　　　　약 1만 개의 오존 분자가 파괴된다(환경청 자료에 따름)

<표 2-3> 프레온 기체의 종류

프레온명	화학 구조식	끓는점	용도
프레온 11	CCl_3F	23.7	냉매, 발포제
12	CCl_2F_2	-29.8	스프레이
14	CF_4	-127.8	
113	$CCIF_2-CCl_2F$	47.6	세정용
114	$CCIF_2-CCIF_2$	4.1	
115	$CCIF_2-CF_3$	-38	
C 318	C_4F_8	-6	

지상 25㎞ 전후의 성층권에서 대기에 포함된 산소(O_2)가 태양으로부터 자외선을 받아 오존(O_3)으로 변한다. 이 오존이 생성된 층을 오존층이라 하는데 오존층은 자외선 중에서 특히 생리 작용이 강하고 해로운, 짧은 파장의 자외선을 흡수하여 유해 자외선의 여과기 역할을 한다. 그러므로 지구상의 생물은 자외선에 타서 죽지 않고 안전하게 살아갈 수 있다.

그러나 프레온은 나중에 말하겠지만 여러 가지 편리한 성질을 가지므로 우리 주변에서 많이 사용된다. 쉽게 기화하며 화학 반응이 일어나기 어려우므로 사용 후의 프레온은 기체가 되어 긴 세월 동안에 대기 상층 부분까지 올라간다. 이 대기 상층 부분에는 앞에서 말한 바와 같이 오존이 축적되어 있는데, 여기까지 올라온 프레온 기체가 태양으로부터 오는 자외선으로 인해 분해되고, 그 분해 생성물의 하나가 오존을 분해한다(<그림 2-8> 참고).

오존이 분해되어 오존 농도가 낮아지면 해로운 자외선이 직접 지표에 내리쬔다. 그런 이유로 지구 환경에 큰 문제가 되는 것이다.

그러면 프레온이란 어떤 화합물일까? 이것은 1931년 미국의 유명한 화학 회사인 뒤퐁사가 프레온이라는 상품명으로 상품화한 화학물질이다. 〈표 2-3〉에 적혀 있듯이 유사한 구조의 프레온이 많이 만들어졌다.

'프레온'은 뒤퐁사의 상표이고, 일본에서는 플론, 러시아에서는 에스키몬이라고 부른다.

프레온의 공통된 특징은

① 무색, 무취(약간 알코올 냄새가 나는 것도 있다), 무독의 액체이다.

② 끓는점이 낮으나 압력을 조금 가하면 액화하고, 압력을 약하게 하면 기화해 쉽게 기화, 액화를 반복할 수 있다.

③ 화학적으로 안정하다.

④ 물질을 잘 녹이는 성질이 있다.

⑤ 전기 절연성이 크다.

이와 같은 특징 때문에 반도체나 전자 정밀 기계 부품의 세정제, 냉장고, 에어컨 등의 냉매, 고무 쿠션 같은 플라스틱의 발포제, 스프레이의 분사제 등 여러 가지 분야의 제품에 사용된다.

일본에서는 1940년대 전반에 다이킨공업이 생산을 개시하여 다이킨, 아사히유리 등 5개의 회사가 생산하고 있다.

프레온 중에서 가장 생산량이 많은 것은 프레온 11, 12, 113이고 전 세계의 생산량은 100만 톤, 일본은 약 14만 톤을 생산한다.

일본에서의 용도는 세정제가 가장 많으며, 주로 프레온 113이 사용되고 있다. 그다음으로는 냉매로 많이 쓰고 프레온 11,

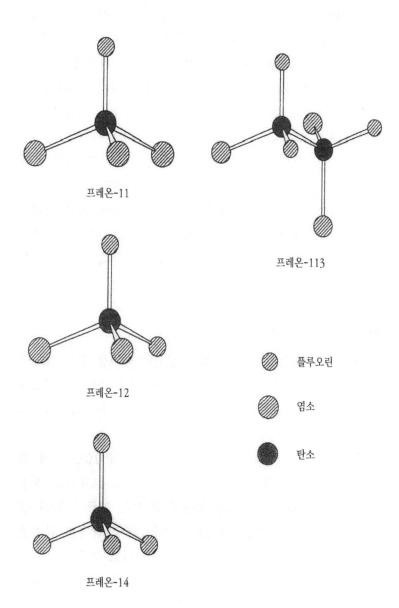

프레온-11

프레온-113

프레온-12

프레온-14

플루오린

염소

탄소

12가 사용된다. 스프레이 분사제로서의 용도는 전체의 약 10%
로 프레온 11, 12가 사용된다. 그러나 〈표 2-3〉에 나타낸 프
레온이 모두 오존층을 파괴하는 것은 아니다. 파괴력이 큰 프
레온은 11, 12, 113, 115이며, 이 5가지가 특정 프레온으로
현재 사용 규제의 대상이나, 이 5가지가 대부분의 생산량과 사
용량을 차지하고 있다.

뒤퐁사가 1931년에 프레온을 제품화한 후, 많은 양의 프레
온이 대기 중으로 방출되었다. 대기 중에 방출된 프레온이 오
존층에 도달하여 오존층을 파괴할 때까지는 10년 이상 걸리며
게다가 대기 중에 100년 이상 계속 표류한다고 한다. 그러므로
이제 곧 프레온의 사용을 중지해도 당분간 오존홀은 커질 것으
로 본다.

15. 삼림욕과 테르펜

녹음이 짙은 깊은 산에서 수풀의 신선한 공기를 깊이 들이마
시면서 걸어가면 쾌적한 기분을 느끼게 된다. 약간의 피로나
감기도 수풀 속을 걸으면 낫기 때문에 특히 유럽에서는 삼림욕
이 유행이다.

삼림욕의 효능은 여러 가지로 설명되는데, 약 10년 전에 연
구자들 사이에서 지적한 것으로 '피톤치드(Fitontsid)'라는 물질
이 있다. '피톤치드'의 정체는 확실치 않으나, 고등 식물이 상
처가 나면 주위의 미생물 따위를 죽이는 어떤 종류의 물질을
내는 사실을 알려졌고 이 물질을 '피톤치드'라고 부른다.

'피톤치드' 중에는 나중에 설명할 테르펜류가 포함되어 있다
고 한다. '피톤치드'는 삼림욕의 효과 중 하나일지 모르나 어쨌

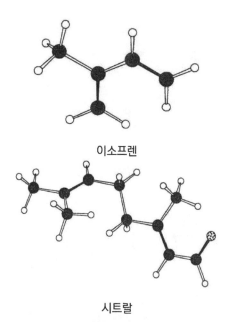

이소프렌

시트랄

든 삼림욕에는 신선한 공기와 푸른 환경이 가져다주는 심리적
인 효과가 커 보인다.

특히 침엽수림에는 일종의 방향성이 있어 상쾌한 기분이 된
다. 이것은 침엽수가 방향성인 테르펜이라는 유기물질을 만들
기 때문이다.

이소프렌이라는 탄소 5개로 된 탄화수소가 알려져 있다. 오늘
날 이것은 석유 화학 공장에서 석유를 원료로 대량 생산하며
천연 고무와 같은 분자 구조를 갖는 합성 고무의 원료로서 중
요하다.

한편 이소프렌은 많은 식물체에 의해 합성되고, 이소프렌에
의해 유도된 여러 유기물질을 식물체에서 찾아볼 수 있다.

침엽수에 많이 포함돼 있는 테르펜 종류도 그중의 하나이나

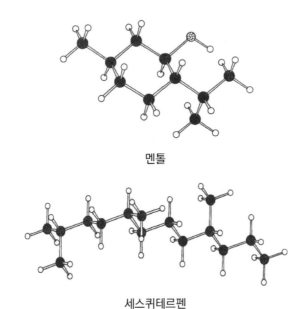

멘톨

세스퀴테르펜

식물의 향기로운 맛 성분으로 알려진 것도 테르펜 종류에 속한 것이 많다. 이소프렌 2분자가 결합하여 탄소 수가 10개인 탄화수소를 모노테르펜이라 부른다. 또 이 골격 구조를 가지며 곧은 사슬 상태인 것에는 시트랄, 고리 구조를 가진 것에는 파라시멘, 리모넬, 멘톨 등이 있다. 이들은 모두 향료로서 중요하다.

멘톨은 박하 잎에 많이 포함되어 있으며 천연품을 박하뇌라고 부른다. 오늘날에는 거의 합성으로 만든 박하뇌를 사용하고 의약품이나 과자의 향료로 많은 양을 소비한다.

또, 이소프렌이 3분자 결합하여 생긴 탄소 수 15개의 탄화수소를 세스퀴테르펜이라 부른다. 세스퀴테르펜에도 곧은 사슬 상태의 것 외에 외고리 성질, 두 고리 성질의 테르펜이 많이 알려졌다. 곧은 사슬 상태의 세스퀴테르펜으로는 파르네솔이

파르네솔

비타민 A

있고 이것은 향수의 냄새 성분이 쉽게 날아가지 않도록 첨가하
는 휘발 보류제로서 중요하다.

이소프렌이 4분자 결합하여 생긴 탄소 20개의 탄화수소는
디테르펜이라 부르며, 비타민 A도 디테르펜의 골격 구조를 갖
는다.

이소프렌이 많이 결합하여 생긴 고분자 화합물을 폴리테르펜
이라 부르고 송진, 천연 고무 등은 폴리테르펜의 일종이다.

16. 술과 알코올

술을 마시고 기분 좋게 취하는 것은 술에 포함된 알코올 때
문이다. 알코올이라 해도 정확하게는 에틸알코올, 즉 에탄올이

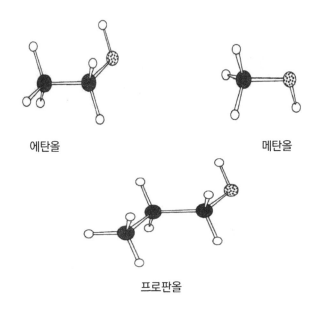

에탄올

메탄올

프로판올

다. 이 분자 구조는 탄화수소와 유사하나, 탄소에 붙은 수소 1 개가 수산기(-OH)로 바뀌었다.

이와 같이 탄화수소의 수소 1개가 수산기로 바뀐 구조의 유기 화합물을 일반적으로 알코올이라 부르며 에탄올은 그중 하나이다.

가장 간단한 알코올은 메탄의 수소가 수산기로 치환된 것으로 메틸알코올(또는 메탄올)이라 부른다. 메탄올은 알코올램프의 연료로 쓰이나, 이것을 마시면 실명하거나 죽는다. 프로판의 수소가 수산기로 치환되면 프로필알코올(또는 프로판올)이 된다. 이것도 마실 수 없으며 공업용 용제로 많이 사용되는데 그 외에도 소독용으로 에탄올의 대용품이다.

술에 포함된 에틸알코올의 농도는 맥주의 4~6%에서 일본 술

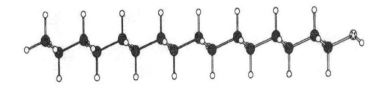

세틸알코올

과 포도주의 13~17%, 위스키와 소주의 25~50% 등과 같이 술의 종류에 따라서 천차만별이다.

브라질에서는 자동차의 가솔린을 절약하기 위해 가솔린에 에탄올을 섞어 가솔이라 하며 주유소에서 판매한다. 가솔린에 섞은 에틸알코올은 순도 99.5% 이상의 무수에탄올이다.

또, 약국에서 파는 소독용 알코올은 농도가 약 80%인 함수에탄올이다. 순수한 에탄올보다 이 정도의 물을 포함한 에탄올쪽이 살균력이 좋기 때문이다.

하나의 분자에 수산기가 1개 붙은 알코올을 1가 알코올이라부르며, 탄소 수 1~3개의 1가 알코올은 끓는점도 낮고 휘발하기도 쉽다.

이것에 비해 1가 알코올도 탄소 수가 많아지면 점점 끓는점이 높아지고, 탄소 수가 16개 이상이 되면 상온에서 고체가 된다. 탄소 수가 적은 알코올을 저급 알코올이라 부르고 탄소 수가 많은 알코올을 고급 알코올이라고 불러서 구분하기도 한다.

세틸알코올(탄소 수 16개)이나 스테아릴알코올(탄소 수 18개)은고급 1가 알코올의 대표적인 예이다. 어느 것이나 언뜻 보면밀랍과 같은 모양의 고체이고 물에는 거의 녹지 않는다. 유액이나 크림 등의 화장품에 유화액의 안정제로 사용된다.

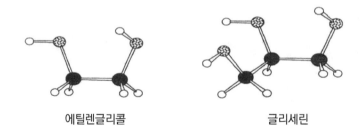

에틸렌글리콜   글리세린

그런데 탄소 수가 2개 이상인 탄화수소는 각각의 탄소에 수 산기가 치환한 알코올이 생긴다. 이와 같은 알코올을 각각 2 가, 3가 알코올이라 부른다. 탄소 수가 1~3개인 1가 알코올은 휘발하기 쉬운 반면 2가, 3가 알코올은 휘발하기 어렵다. 예를 들면 에탄의 2개의 탄소에 각각 수산기가 붙은 2가 알코올을 에틸렌글리콜이라 부르는데 이것은 휘발하기 어렵고 물에 녹기 쉽다. 또 에틸렌글리콜과 물의 혼합물(3:7)은 −15℃가 되어야 언다. 이 성질을 이용하여 자동차 냉각수의 동결 방지제로 사 용한다.

에틸렌글리콜이 2개 연결된 디에틸렌글리콜도 자동차 냉각수 의 부동액으로 사용된다. 이전에 디에틸렌글리콜이 포도주 위 조에 악용되어 큰 사회 문제가 되었다.

또 프로판의 3개의 탄소에 각각 수산기가 붙은 3가 알코올 을 글리세린(또는 글리세롤)이라 부른다. 천연 동식물의 유지도 글리세린의 화합물이고 글리세린은 공업적으로 이들의 유지를 원료로 생산한다.

글리세린은 의학용은 물론, 화장품에도 많이 사용된다. 글리 세린을 진한 황산과 진한 질산의 혼합액으로 처리하면 니트로 글리세린을 얻는다. 니트로글리세린은 폭발성이 있어 다이너마

이트의 원료로 다량 생산된다(다이너마이트는 스웨덴의 화학자 노
벨이 발명했고, 노벨은 이 발명의 이익금으로 노벨상의 기금을 만들
었다).

17. 식초와 아세트산

식초가 신 이유는 아세트산 때문이다. 술이 발효하면 신맛이
나는 것도 아세트산 탓이다. 술에 포함된 에탄올이 미생물의
작용으로 산화되어 아세트산이 된다.

$$H-\overset{\overset{\displaystyle H}{|}}{\underset{\underset{\displaystyle H}{|}}{C}}-\overset{\overset{\displaystyle H}{|}}{\underset{\underset{\displaystyle H}{|}}{C}}-O-H + O_2 \rightarrow H-\overset{\overset{\displaystyle H}{|}}{\underset{\underset{\displaystyle H}{|}}{C}}-C\overset{\displaystyle O}{\underset{\displaystyle O-H}{}} + H_2O$$

에탄올   산소   아세트산   물

위의 화학 반응식에서 알 수 있듯이 에탄올과 아세트산은 화
학 구조식에 유사한 곳이 있다. 아세트산과 같이 카르복시기라
는 원자단을 가진 유기물질을 유기산이라 한다. 카르복시기를
가진 화합물은 물에 녹으면 수소 이온(H^+)을 방출한다.

신맛의 원인물질을 밝히면 이 수소 이온에 도달한다. 가장
구조가 간단한 유기산은 포름산이고 개미나 벌 등의 독선 속에
포함되어 있으므로 개미산이라는 별명이 붙었다.

레몬이 시고, 우메보시(매실 장아찌)가 신 것도 이들 속에 포
함된 시트르산(구연산)이라는 유기산 때문이다. 그 분자 구조는
아세트산에 비하면 상당히 복잡하고 카르복시기를 3개 갖는다.

이전에는 감귤 종류의 과즙에서 추출, 분리했으나, 현재는 공

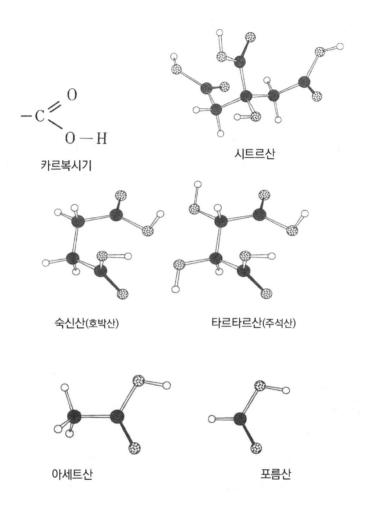

카르복시기

시트르산

숙신산(호박산)

타르타르산(주석산)

아세트산

포름산

업적으로 당류에 미생물을 작용시켜 대량으로 생산하고 청량
음료수에 신맛을 내는 데 널리 사용한다.

이 밖에 우리 주위에는 여러 가지 유기산이 다양한 목적으로
사용된다. 아세트산, 시트르산 모두 그 수용액은 시지만 산의
종류에 따라 신맛에 조금씩 차이가 있다. 술이나 여러 식료품

소르브산

에 신맛을 내기 위해 식품 첨가물로 인가된 주요 유기산은 다음과 같은 것이다.

숙신산(호박산), 타르타르산(주석산), 글루콘산, 아디프산, 푸마르산, 락트산(젖산), 말산(사과산) 등이다. 이들은 모두 식물 속에 천연으로 존재하고 미생물이 생산하는 유기산이지만, 이제는 녹말이나 당류 등을 원료로 발효법이나 화학 합성을 통해 대량 생산한다.

또 신맛을 내는 것보다 식품의 보존, 즉 식품에 미생물이 생육하지 않도록 첨가하는 유기산도 있다.

예로 프로피온산이나 소르브산, 또는 벤조산(안식향산)은 식품의 보존제로 쓰인다. 물론 유기산에 속하므로 시지만, 신맛이 필요하지 않을 때는 카르복시기의 수소 이온을 소듐, 포타슘, 칼슘 등으로 치환한 유기산의 소듐염, 포타슘염, 칼슘염이 사용된다.

18. 생선 냄새와 트리메틸아민

생선이 썩었을 때 나는 독특한 냄새의 성분 중 하나는 트리메틸아민이다. 무색의 기체이나 물에 녹기 쉽고 수용액은 약염

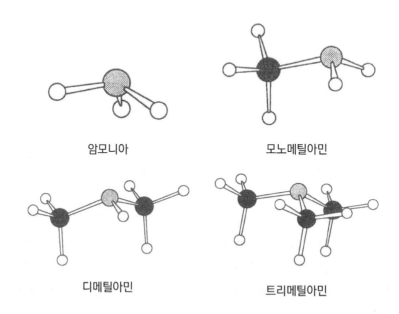

암모니아   모노메틸아민

디메틸아민   트리메틸아민

기성을 나타낸다. 화학 구조를 보면 무기 염기인 암모니아와
흡사한 것을 알 수 있다. 질소에 뻗어 있는 3가닥의 손에 수소
대신 메틸기가 붙어 있을 따름이다.

이와 같이 암모니아의 수소 1개 또는 3개가 유기의 치환기
로 대치된 유기 화합물을 아민이라 부른다. 메틸기로 치환된
것만 보면 치환된 메틸기의 개수에 따라서 모노메틸아민(메틸기
1개), 디메틸아민(메틸기 2개), 트리메틸아민(메틸기 3개) 3가지가
있다.

아민은 물에 녹으면 암모니아와 같이 행동하고, 다음과 같은
반응이 약간 진행하므로 수산화 이온을 유리시켜 약염기성을
나타낸다.

$$CH_3-\underset{\underset{CH_3}{|}}{\overset{\overset{CH_3}{|}}{N}} +H_2O \rightarrow CH_3-\underset{\underset{CH_3}{|}}{\overset{\overset{CH_3}{|}}{N^+}}-H +OH^-$$

메틸아민류는 암모니아와 같이 휘발성이지만, 이것과 유사한 화학식을 갖는 트리에틸아민은 점성이 있는 액체이고 물에 잘 녹는다. 냄새가 안 나고, 휘발성도 없으며 약한 염기성 약품으로 화장품 등에 널리 사용된다.

또한 아민 유도체에는 생리 작용이 강한 것이 많아서 의약품으로 많이 사용된다.

예컨대 알란토인이나 디펜히드라민 등은 복잡한 구조를 가진 아민이며, 의약품으로 중요하다.

알란토인은 육식 동물의 오줌 속에 대량 포함되어 있고 상처 난 피부의 재생을 촉진하는 효과가 있다.

디펜히드라민은 항히스타민제로서 알레르기 질환이나 감기약, 또는 헤어토닉 등에 배합되어 있다.

아민 화합물에서는 질소에 나와 있는 결합의 손이 3가닥인데, 질소에서 결합의 손이 4가닥 나와 있는 한 무리의 화합물이 있다.

이것은 암모니아에 대한 암모늄 이온과 관계가 있으며 4급 암모늄 화합물이라 부른다.

예로 수산화테트라메틸암모늄이라는 화합물이 있다. 물에 녹이면 100% 이온으로 해리하고 가성소다(수산화소듐)와 맞먹는 강한 염기성을 나타낸다. 이 염기를 염산으로 중화하면 염화테트라메틸암모늄을 얻는다.

98

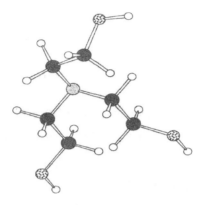

트리에틸아민

알란토인

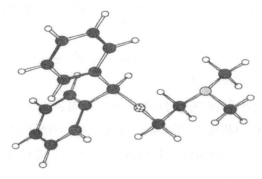

디펜히드라민

수산화테트라메틸암모늄

콜린

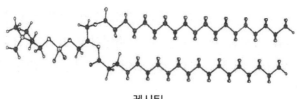

레시틴

　마치 수산화소듐을 강한 염기나 염산으로 중화하여 생긴 소금(염화소듐)이 중성인 것처럼 염화테트라메틸암모늄도 중성이다.

　4급 암모늄 화합물에서도 생리 작용이 강한 화학물질이나 계면활성 효과를 가진 것을 많이 볼 수 있고 4급 암모늄 화합물은 의약품, 화장품, 샴푸 등 우리 주변에서 많이 사용되고 있다.

　콜린은 4급 암모늄 화합물 가운데 하나이며 동물 세포 조직의 중요한 구성 요소이다. 예컨대 레시틴(Lecithin)은 포스파티딜콜린이라고도 부르며 동물 세포막에 많이 포함되어 있다. 콩이나 계란 노른자에서 추출하며 계면활성 효과가 있으므로 마요네즈, 드레싱 등 식품의 유화제에 사용된다.

'기름에 볶는 것은 간단하지만, 기름이 튀므로 부엌이 더러워지는 것이 문제'—이런 고민을 해소하는 '기름 튐'이 적은 식용유가 최근 인기를 모으고 있다. 튀기 어려운 기름의 비밀은 식용유에 약간 녹인 레시틴이다. 레시틴은 물과 기름에 쉽게 친숙해지므로 물기가 많은 야채나 고기, 생선에도 순간적으로 레시틴의 얇은 막이 형성되어 야채나 고기의 수분과 기름이 직접 접촉되는 것을 막아 기름이 튀는 것을 방지한다.

레시틴에 한정되지 않고 4급 암모늄 화합물에는 계면활성 효과를 가진 것이 적지 않다. 특히 탄소 수가 많은 탄화수소기의 말단에 4급 암모늄기를 갖는 것은 계면활성 효과가 크고, 물에 조금만 가해도 매우 거품이 잘 일어나서 비누와 같은 세정 효과를 갖는다.

예컨대 다음과 같은 4급 암모늄 화합물이 알려졌다.

염화벤잘코늄

염화스테아릴트리메틸암모늄

염화세틸필리듐

그런데 비누는 전에도 말했듯이 고급 지방산 소듐염으로서 긴 탄화수소 사슬의 말단에 COONa기가 붙어 있다. 그리고 물에 녹으면

$$CH_3CH_2CH_2 \cdots\cdots CH_2COO^-$$

염화벤잘코늄

염화스테아릴메틸암모늄

염화세틸필리듐

모양의 음이온이 된다.

이것에 대하여 4급 암모늄 화합물에서는 물에 녹으면

$$CH_3\ CH_2\ CH_2\cdots\cdots CH_2 - \overset{\displaystyle CH_3}{\underset{\displaystyle CH_3}{N^+}} - CH_3$$

와 같이 양이온이 된다. 이와 같이 이온의 부호가 비누와는 반
대가 되므로 4급 암모늄 화합물에 속하는 계면활성제를 역성
(逆性) 비누라고 부르기도 한다.

역성 비누는 세정 효과와 살균 효과도 있으므로 소독약(예컨
대 오스반)으로 널리 사용되는 것 외에 화장품(헤어토닉, 샴푸, 린
스, 헤어스프레이 등)에도 배합되어 있다.

19. 벤젠과 시너

탄화수소라 하면 보통 프로판이나 액화천연가스, 혹은 가솔린 등 사슬 상태로 연결된 탄소와 수소의 화합물을 연상한다. 그러나 탄화수소에는 또 하나의 무리가 있다. 그것은 유기 화합물의 구조식에 자주 나오는, 육각형의 거북이 등딱지 모양과 같은 벤젠이라는 유기 화합물과 그 유사 화합물이다.

벤젠은 원래 밀폐된 곳에서 석탄을 태워서 석탄가스를 만들 때 가스와 같이 발생하는 석탄 타르 가운데 한 성분이다. 지금은 석유를 원료로 대량 합성되는 화합물로 그 구조식을 자세히 쓰면 〈그림 2-9〉와 같다. 즉 탄소 수 6개의 탄화수소가 고리 모양으로 연결되어 있다. 게다가 프로판이나 부탄과 달리 수소 수가 이상하게 적고 탄소 1개에 수소 1개의 비율로 되어 있다. 원래 탄소의 손은 4가닥이므로 수소가 부족한 만큼 탄소의 손은 남아 있어, 탄소끼리 2가닥의 손으로 결합한다. 이것을 이중 결합이라 한다. 그러나 이때 단일 결합(1가닥의 손으로 연결된 결합)과 이중 결합이 교대로 되어 있다. 이와 같은 결합 방법을 '걸러 짝지은 이중 결합'이라 부른다. 이와 같은 분자 구

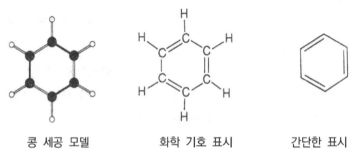

콩 세공 모델   화학 기호 표시   간단한 표시
〈그림 2-9〉 벤젠 화학 구조의 3가지 표시법

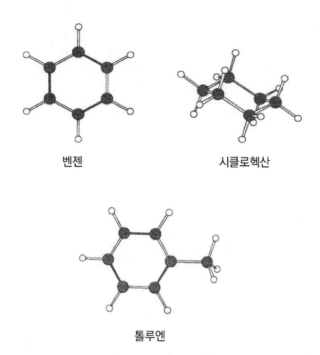

벤젠   시클로헥산

톨루엔

조 때문에 같은 탄소 6개의 고리형 탄화수소인 시클로헥산과는
달리 벤젠은 매우 특이한 화학적 성질을 갖는다.

벤젠은 여러 가지 시약과 화학 반응을 일으키기 쉽고, 의약
품, 농약, 염료, 합성 섬유, 플라스틱 등의 합성 고분자 화합물
을 만들 때 출발물질로서 매우 중요하다. 벤젠에서 유도된 거
북이 등딱지 구조를 가진 유기 화합물을 방향족 화합물이라 부
른다.

벤젠의 1개의 탄소에 메틸기(CH_3^-)가 붙은 화학물을 톨루엔이
라 부른다. 벤젠, 톨루엔은 여러 가지 물질을 잘 녹이고, 휘발하
기 쉬우므로 용제로서 널리 사용한다. 시너도 그 주성분의 하나
로 톨루엔을 포함하고 있다. 톨루엔의 증기를 습관적으로 흡입하

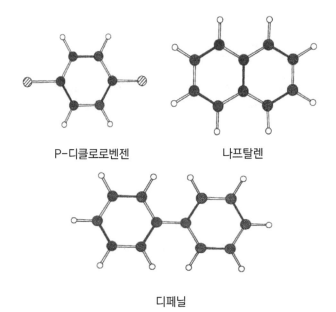

P-디클로로벤젠   나프탈렌

디페닐

면 간장 장애를 일으키므로 시너나 톨루엔, 크실렌을 포함하는
접착제나 유성펜의 증기는 흡입하지 않도록 주의해야 한다.

매직잉크와 같은 종류의 유성펜도 유성 염료를 크실렌이라는
화합물에 녹인 것이다. 크실렌은 톨루엔과 같은 종류이고 벤젠
에 메틸기가 2개 붙은 화합물이다. 최근에는 크실렌 대신에 에
틸알코올을 사용해서 인체에 온화한 유성펜도 개발되었다.

옷장 속에 넣어 둔 흰 고체의 방충제도 방향족 유기 화합물이다.

옛날에는 나프탈렌이 사용되었는데 이것은 벤젠이 2개 붙은
구조의 화합물로 방향성(芳香性)을 가진 흰 덩어리이다. 그러나
지금은 대부분 파라디클로로벤젠을 사용한다. 이것도 방향성을
가진 흰 덩어리이다. 이 화학 구조는 벤젠의 2개의 탄소 위의
산소가 각각 염소로 치환된 것이다. 옷장 속에서 저절로 휘발

하므로 이 증기로 옷장 속을 채워서 방충 효과를 나타낸다. 방충제 자체는 휘발하여 서서히 소모되므로 종종 새것으로 보충할 필요가 있다.

자몽, 레몬, 오렌지 등을 저장할 때 그 표면에 곰팡이가 생기지 않도록 골판지 상자 속에 넣는 약품 중 디페닐(비페닐이라고도 한다)이란 화합물이 있다. 디페닐을 흡수한 종잇조각을 골판지 상자 속에 넣으면 곰팡이를 방지할 수 있다. 이것도 벤젠의 유사 화학물질이다. 나프탈렌은 2개의 벤젠이 서로 거북이 등딱지의 한 면을 공유한 구조지만 디페닐의 경우에는 2개의 벤젠이 탄소-탄소 결합으로 연결된 구조이다.

20. 페놀과 벤조산

벤젠의 탄소에 수산기가 붙은 화합물을 페놀이라 한다. 석탄산이라고도 부르고, 이는 석탄을 공기가 밀폐된 곳에서 태워 석탄가스를 발생시킬 때 생기는 석탄 타르 중 산성 성분으로 분리, 정제된 화합물이다. 그러나 지금은 벤젠에서 합성화학적으로 대량 생산한다.

특유한 냄새를 가진 고체로 피부를 부식시키는 성질이 있으며 극약으로서 옛날에는 소독약으로도 사용하였다. 이 화합물도 벤젠과 같이 화학 반응성이 좋아서 나일론 등의 합성 섬유나 베이클라이트(Bakelite) 등의 합성 수지의 주원료 외에 의약, 농약, 염료의 원료로 대량 소비되고 있다. 그 밖에 페놀의 유도체 화합물에는 우리 주변에 사용되는 것도 많다.

예컨대 디부틸히드록시톨루엔이나 부틸히드록시아니솔은 냉동된 어류와 패류가 보존 중에 산화, 변질되지 않도록 산화방

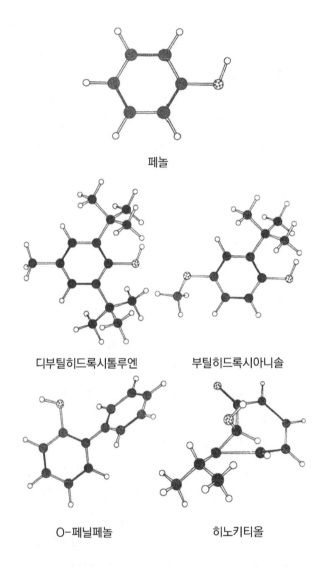

페놀

디부틸히드록시톨루엔   부틸히드록시아니솔

O-페닐페놀   히노키티올

지제로서 첨가되고 있다.

또 오르토페닐페놀은 감귤류를 보관할 때 곰팡이가 생기지 않도록 하는 약제로 쓰인다.

벤조산(안식향산)

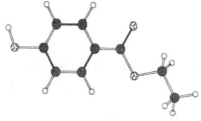

파라옥시벤조산에틸에스테르

그리고 천연물 중에는 여러 가지로 변한 페놀이 발견된다. 대만 노송나무(대만 히노키)에서 추출된 히노키티올(Hinokitiol)이 대표적인 예다.

이것도 일종의 페놀이나 탄소 7개의 고리 모양 화합물이다. 탄소 7개의 고리 모양 화합물이 발견되었을 당시, 천연에 존재하는 것이 알려지지 않았으므로 발견자인 노부 박사는 몹시 고생하였다. 그러나 히노키티올이 특별한 7개 고리 구조인 것을 알아낸 후 학계를 놀라게 했다. 히노키티올은 항균성이 있고 헤어토닉 등에도 배합된다.

벤젠의 탄소 1개에 산성기인 카르복시기가 붙은 화합물을 벤조산(안식향산)이라 한다. 이것도 원래는 식물의 한 성분으로 발견되었으나 지금은 합성화학으로 대량 생산되며 의약품, 염료,

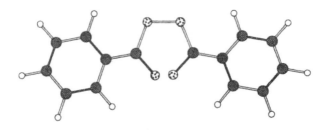

과산화벤조일

합성 향료의 원료로 사용하고, 우리 주변에서도 여러 가지 용
도로 사용하고 있다. 예로 벤조산과 벤조산의 소듐염은 식품(마
가린, 청량 음료수, 시럽, 간장 등)의 방부제로 유용하며 식품 첨
가물로 인정되고 있다. 또 벤조산의 유도체 화합물인 파라옥시
벤조산에틸에스테르(이소부틸, 이소프로필, 부틸, 프로필에스테르)도
같은 목적에 사용하고 있다.

또 벤조산에서 유도된 과산화벤조일은 산화력이 강해 보리의
표백제로 사용된다.

21. 셀룰로오스와 파이버드링크

녹말은 나중에 설명하겠지만 글루코오스가 수백에서 수천 개
로 연결된 사슬 모양의 당류이고, 다당류라고 부르며 함수탄소의
일종이다. 함수탄소는 탄수화물이라고 부르며 탄소, 수소, 산소
로 이루어진 유기 화합물이다. 이는 탄소 이외에 수소와 산소를
물(H_2O)과 같은 비율로 포함하므로 이 같은 이름이 붙었다. 셀
룰로오스도 녹말과 흡사한 구조의 다당류이나 글루코오스끼리의
결합 방법이 〈그림 2-10〉와 〈그림 2-11〉에 나타났듯이 다르다.

식물이 만든 섬유 상태는 대부분이 셀룰로오스가 주성분이고

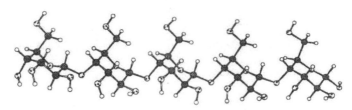

녹말의 분자 구조
(글루코오스 분자가 5개 연이어 결합한 것을 나타낸다)

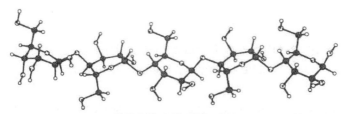

셀룰로오스의 분자 구조
(글루코오스 분자가 5개 연이어 결합한 것을 나타낸다)

α-글루코오스   β-글루코오스

〈그림 2-10〉 녹말(위), 셀룰로오스(중), α-글루코오스(아래 왼쪽), β-글루
코오스(아래 오른쪽)의 분자 구조. α-글루코오스와 β-글루코오
스는 화살표 자리의 수산기가 붙은 위치가 다를 뿐이다. α-
글루코오스가 길게 연결된 것이 녹말이고 β-글루코오스가 길
게 연결된 것이 셀룰로오스다

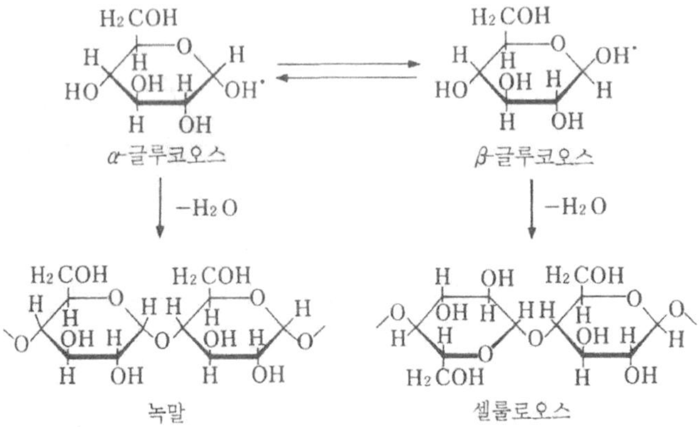

〈그림 2-11〉 녹말과 글루코오스의 결합 양식의 차이를 화학 구조식
으로 나타내면 이와 같다(〈그림 2-10〉 참고)

솜의 섬유, 마의 섬유, 보릿짚, 혹은 목재에서 얻는 펄프 등은
모두 셀룰로오스로 이루어졌다.

이들 셀룰로오스는 먹어도 독은 아니지만, 인간의 소화기 속
에 있는 효소는 녹말은 분해해도 셀룰로오스는 분해하지 못한다.
따라서 셀룰로오스는 소화기를 그대로 통과한다. 다만, 섬유 상
태의 셀룰로오스는 소화기를 청소하면서 배설된다. 그러므로 변
(便)을 잘 통과시키고 장내 비피두스균의 증식을 도우며 콜레스
테롤의 흡수를 억제하는 등 효능이 있다. 최근 유행하는 파이버
드링크는 이와 같은 셀룰로오스를 포함한 드링크제이다(제Ⅲ부-Ⅱ
-7 참고).

녹말, 셀룰로오스 외에도 우리 주변에는 여러 가지 함수탄소
가 알려져 있다. 우무는 우뭇가사리에서 추출한 함수탄소이고,
D-갈락토오스라는 당이 녹말과 같이 길게 사슬 모양으로 연결
된 다당류이다.

목화(솜)

한 가닥의 솜의 섬유

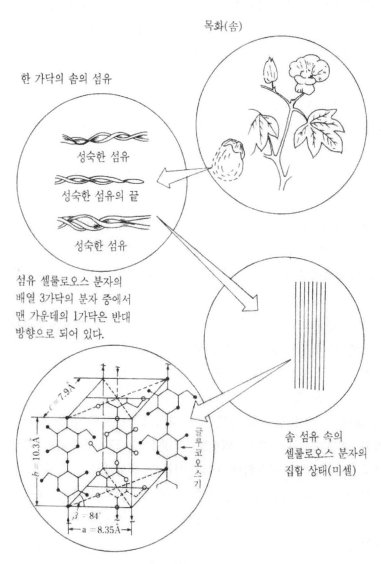

성숙한 섬유

성숙한 섬유의 끝

성숙한 섬유

섬유 셀룰로오스 분자의
배열 3가닥의 분자 중에서
맨 가운데의 1가닥은 반대
방향으로 되어 있다.

솜 섬유 속의
셀룰로오스 분자의
집합 상태(미셀)

〈그림 2-12〉 셀룰로오스 섬유를 확대하면

곤약(구약나물의 알줄기로 만든 식품)의 주성분은 곤약만난이라고 부르며 글루코오스와 만노오스라는 당이 길게 사슬 모양으로 연결된 다당류이다.

우무도 곤약도 우리 소화기 속의 효소로는 분해되지 않으므로 영양분으로 흡수되지 않고 그대로 통과한다. 다만 포만감을 주고, 변을 잘 통과시키므로 다이어트 식품으로 좋다.

소나 말의 소화기 속에는 셀룰로오스를 분해하여 글루코오스로 만드는 효소가 분비되므로 소나 말은 풀을 먹어도 살이 찐다.

셀룰로오스는 식물 섬유로 우리 주변에 많이 이용되고 있다. 솜, 삼 등의 천연 섬유, 혹은 솜이나 펄프를 원료로 만든 레이온, 아세테이트 등의 인조 섬유, 종이는 모두 천연의 셀룰로오스나 그 가공품이다.

반면 셀룰로오스 분자에 화학적 처리를 하여 셀룰로오스의 성질을 바꾼 화학물질도 많이 사용되고 있다.

예컨대 카르복시메틸셀룰로오스(CMC)는 셀룰로오스에 카르복시기를 붙인 화합물이며, 셀룰로오스는 물에 안 녹지만 CMC는 물에 녹아서 갈분을 설탕물에 넣어 졸인 것과 같은 질척질척한 액체가 된다. 또한 먹어도 체내를 그대로 통과하며 무독하다. 이 성질을 이용하여 여러 식품의 겔화제로서 식품에 첨가한다. 아이스크림에 배합하면 아이스크림이 녹아도 모양이 잘 흐트러지지 않는다. 또 완화제나 크림 연고의 기제로도 사용한다.

셀룰로오스에 메틸기를 붙인 메틸셀룰로오스나 히드록시에틸기를 붙인 히드록시에틸셀룰로오스도 같은 목적으로 사용한다.

22. 녹말과 설탕

녹말로 대표되는 탄수화물은 3대 영양소 중 하나이고, 우리의 에너지 원천이다. 탄수화물의 이름은 이 물질의 구성 원소 조성비가 탄소(C)와 물(H_2O)의 정수비로 된 것에 기인한다.

녹말이 섭취되면 소화기 속에서 효소의 작용으로 분해되어 글루코오스(포도당)가 된다. 글루코오스는 소화기에서 혈액 속으로 흡수되어 세포로 보내진다. 세포 속에서 글루코오스는 산소에 의해 산화, 분해되고 그때 발생하는 에너지로 생물은 살아간다. 분해 생성물은 이산화탄소와 물이고 이들은 몸 밖으로 배설된다.

〈그림 2-13〉에도 나타났듯이 녹말은 그 구성단위인 글루코오스가 사슬 모양으로 수천 개 혹은 여러 가지로 갈라져서 복잡하고 길게 연결된 것이다.

글루코오스는 별명을 포도당이라고 했듯이 당의 일종이다. 글루코오스와 같이 탄화수소 사슬의 탄소에 수산기(-OH)가 많이 붙은 구조의 것을 당이라 부르며 다가(多價) 알코올의 일종이라고 생각할 수 있다.

글루코오스는 탄소 수 6개의 당이므로 헥소오스(헥사는 6이란 뜻)라고 부르며, 프룩토오스(과당)도 그 동료이다. 다른 점은 수산기가 붙은 위치다. 수산기가 붙은 탄소는 여러 경우 비대칭 탄소이므로 수산기가 어느 쪽을 향해 붙어 있는지에 따라 당의 종류가 달라진다.

설탕은 글루코오스와 프룩토오스가 결합한 것이고 2개의 당 분자로 이루어졌으므로 복당류(또는 이당류)라고 부른다. 이때 글루코오스, 프룩토오스와 같은 당을 단당류라 한다.

맥아당은 말토오스라고도 부르며, 녹말이 효소로 분해될 때

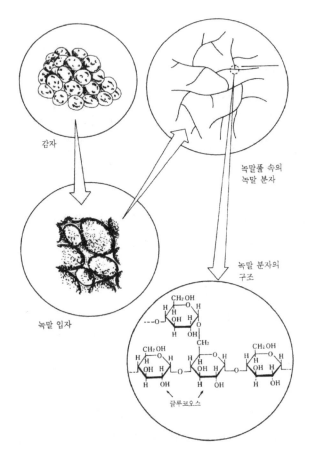

녹말풀 속의
녹말 분자

감자

녹말 분자의
구조

녹말 입자

글루코오스

〈그림 2-13〉 녹말을 확대하면

생긴 복당류이다. 즉, 글루코오스가 2분자 결합한 것으로 물엿
의 주성분이다.

　락토오스(젖당)도 복당류의 하나이고 포유류의 젖에 포함되어
있다. 화학 구조는 갈락토오스와 글루코오스가 결합한 것이다.

　설탕도 소화기 속의 효소로 분해돼 글루코오스와 프룩토오스
가 되어 혈액 속으로 흡수된다.

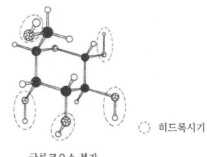

◯ 히드록시기

글루코오스 분자

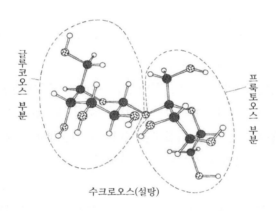

글루코오스 부분

프룩토오스 부분

수크로오스(설탕)

한편, 녹말과 같이 글루코오스가 수백 개에서 수천 개 연결된 사슬 모양의 당류를 다당류라고 부른다.

녹말에 효소가 작용하면 녹말의 긴 사슬이 끊어져 점점 짧은 사슬이 된다. 수백에서 수십 개의 글루코오스가 연결된 다당류를 폴리덱스트로오스나 올리고당으로 부른다.

올리고당 중에는 셀룰로오스와 같이 소화기에서 효소로 분해되지 않는 것도 있다. 이들은 영양가는 없으나 단맛을 내고, 장

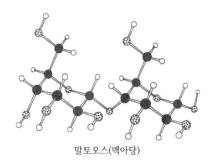

말토오스(맥아당)

내 비피두스균의 증식을 돕는 작용이 있으며, 드링크제에 단맛
이 나게 도와준다.

녹말은 쌀, 감자를 비롯하여 식물계에 널리 존재하며 인간의
중요한 식료품 가운데 하나이다.

또한 녹말을 화학적으로 처리하면 여러 가지로 변한 화학물
질을 얻을 수 있다. 예컨대 자신보다 수십 배 무거운 물을 흡
수하는 흡수성 고분자 화합물은 녹말을 가공하여 만든 화합물
이고, 종이 기저귀나 생리대에 응용된다.

곤약이나 우무도 다당류에 속하나, 소화기 내의 효소로는 분
해가 안 되므로 소화기를 그대로 통과한다. 이것은 물에 녹는
식품섬유로서 분류되고, 포만감을 주는 동시에 콜레스테롤의
흡수를 억제하며 당분의 흡수를 늦추는 작용을 한다.

또 글루코오스가 여러 개 고리 모양으로 연결된 사이클로덱
스트린이라 불리는 것도 있다. 결합된 글루코오스의 개수로 α
형(6개), β형(7개), γ형(8개)으로 구분하는데, 분자 전체가 바닥
이 빠진 차통과 같은 모양을 하고 있다. 글루코오스 분자가 차
통의 벽에 해당하고 사이클로덱스트린 분자 속에 공동이 생겨
있다. 공동의 크기는 $\alpha \rightarrow \beta \rightarrow \gamma$순으로 커지고 그 속에 여러 가

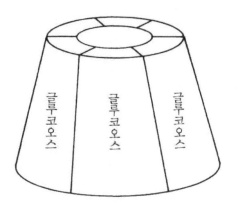

〈그림 2-14〉 α-사이클로덱스트린(글루코오스 분자가
6개 고리 모양으로 연달아 있다)

지 크기의 다른 분자를 거두어 넣을 수 있다.

사이클로덱스트린 자신은 흰색이고 물에 녹기 쉽지만 이 속
에 알코올 같은 액체 분자를 거두어들여도 가루 상태로 보존된
다. 이것을 물에 넣으면 덱스트린도 알코올도 물에 녹는다. 가
루 술과 가루 칵테일로 팔리고 있는 것은 이 원리로 알코올을
가루로 만든 것이다.

23. 지방과 비누

최근에 환경 보호와 자원 절약 입장에서 가정에서도 식용유
폐유를 이용해 비누를 만들고 있는데 덕분에 비누의 원료가 지
방인 것은 잘 알려졌다.

우리는 물에 섞이지 않고 걸쭉한 액체를 모두 기름이라고 말
하지만 등유나 자동차의 엔진 오일과 같은 기름은 식용 샐러드
유, 콩기름, 참기름과는 화학적으로 전혀 다르다. 등유나 엔진

글리세린

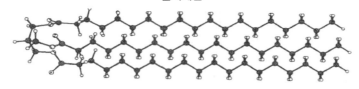

지방의 한 가지 예(스테아르산의 글리세린에스테르)

오일은 탄소와 수소로 이루어진 탄화수소이고, 가솔린이나 파라핀, 밀랍의 무리이다.

또한 식용의 유지는 식물성, 동물성을 불문하고 탄소, 수소, 산소로 이루어져 있다. 좀 더 자세히 말하면 지방산(일종의 유기산)과 글리세린(일종의 알코올)이 에스테르 결합에 의해서 생긴 화학물질이다. 지방산이란 아세트산이나 프로피온산 등과 같이 탄화수소의 맨 끝에 카르복시기가 붙은 유기산이다(제Ⅱ부-17 참고).

탄화수소기의 탄소 수가 많은 것을 고급 지방산, 적은 것을 저급 지방산이라 부른다. 유지를 구성하고 있는 지방산은 탄소 수 14~20의 고급 지방산이다.

지방산의 종류는 각각의 지방에 따라 다른 것도 있고 공통된 것도 있다. 콩기름, 참기름과 같이 실온에서 액체인 유지에서 밀랍이나 라드(Lard)와 같이 고체의 유지까지 여러 가지의

〈표 2-4〉 대표적인 유지와 그들의 성질

분류	예	성질
지방	소기름, 돼지기름	상온에서 고체
불건성유	올리브유, 동백기름	상온에서 액체 공기 중에 변질하기 어렵다.
반건성유	콩기름, 유체기름, 면실유	상온에서 액체 공기 중에서 점점 점도가 커진다.
건성유	아마인기름, 동유	상온에서 액체 공기 중에서 점점 고체화된다.

유지가 있다. 상온에서 고체인 유지를 지방이라 한다. 모두 지방산인 글리세린에스테르이고 이와 같은 화학 구조를 가진 것을 총칭하여 유지라고 부른다. 〈표 2-4〉에 주요한 유지를 나타냈다.

상온에서 고체로 있는 지방산엔 포화지방산이 많다. 그리고 불포화지방산이 많아지면 상온에서 액체가 되기 쉽다.

불포화지방산을 포함한 유지는 공기 중에서 천천히 산화되어 차차 끈끈해지고 그러다 굳어지는 것도 있다. 굳어지는 것은 건성유, 굳어지지 않는 것은 반건성유라 한다. 식용유의 대부분은 반건성유이며 건성유는 식용이 못 된다. 종이우산의 종이에 칠해서 방수 역할을 하는 것은 동유이다.

유지에 가성소다 수용액을 가하여 가열하면 에스테르 결합이 끊어져 유지의 구성 성분인 지방산과 글리세린으로 분해된다. 이때 가성소다가 염기성이므로 지방산에 붙어 있는 카르복시기

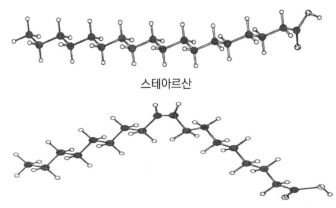

비누의 한 가지 예(스테아르산소듐)

스테아르산

올레산

(이것이 붙었으므로 산이라고 한다)의 수소 이온이 가성소다의 소듐 이온과 치환하여 지방산의 소듐염이 된다. 이것이 비누이다.

이렇게 생긴 비누에는 글리세린과 물이 섞여 있으므로 본격적으로 비누를 만드는 공장에서는 이들을 분리하여 순수한 지방산 소듐만을 끌어내 고형의 비누를 만든다. 일반적으로 지방산의 탄소 수가 많을수록(고급인 지방산일수록) 만들어진 비누는 단단해진다. 화장용 비누의 대부분은 야자기름으로 만들어졌으며, 주성분은 팔미트산(탄소 수 16개)의 소듐염이다.

이 밖에 화장품 원료 등에 쓰이는 고급 지방산에는

　스테아르산(탄소 수 18개)

　올레산(탄소 수 18개)

　미리스트산(탄소 수 14개)

따위도 있다. 이 중에서 올레산은 탄소-탄소 이중 결합을 가진 소위 불포화지방산이다. 올레산을 포함한 지방은 정어리, 고등어 등에 많고 건강 유지를 위하여 꼭 필요한 지방이다.

24. 단백질과 아미노산

　단백질은 녹말이나 지방과 같이 필수 영양소의 하나이다. 고기, 생선과 같은 동물성 단백질과 콩과 같은 식물성 단백질 모두 단백질이라는 화학물질에 속한다.

　단백질의 공통된 성질은 분해하면 아미노산이 되는 것이다. 자연계에 존재하는 단백질은 동물성, 식물성을 불문하고 분해하면 아미노산이 되는데, 아미노산의 종류는 불과 20가지에 불과하다.

　불과 20가지의 아미노산을 원료로 자연계에 존재하는 다양한 단백질이 생긴다는 것은 놀라운 일이다.

　그러면 아미노산이란 어떤 화학물질일까? 가장 간단한 아미노산은 글리신이며 아세트산과 유사한 화합물이라고 말할 수 있다. 즉, 아세트산의 수소 1개가 아미노기(NH_2)로 치환된 화합물이다.

　글리신보다 탄소가 1개 더 많은 아미노산은 알라닌이라 부르며 프로피온산과 유사한 화합물이다. 여기서 주의할 것은 아미노기가 카르복시기에 인접한 탄소에 붙은 것이다. 이와 같은

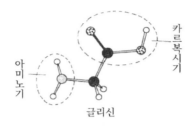

카르복시기

아미노기

글리신

〈표 2-5〉 생체를 구성하고 있는 아미노산

(*는 필수 아미노산이다)

발린*	글리신
류신*	알라닌
이소류신*	프롤린
페닐알라닌*	세린
트립토판*	시스테인
트레오닌*	아스파르트산
메티오닌*	아스파라긴
리신*	글루탐산
히스티딘	티로신
글루타민	아르기닌

아미노산을 α-아미노산이라 한다. 이것은 카르복시기로부터 1번째, 2번째, 3번째의 탄소를 각각 α-, β-, γ-라고 명명하기로 약속했기 때문이다.

자연계에 존재하는 단백질을 분해하여 얻는 아미노산은 〈표 2-5〉와 같으나 이상한 것은 이들 모두가 α-아미노산이라는 점이다.

알라닌의 분자 구조에서 또 하나 주목해야 할 점은, α위치의 탄소에서 나와 있는 4가닥의 손끝에 붙어 있는 치환기가 카르복시기(-COOH), 아미노기($-NH_2$), 메틸기($-CH_3$), 수소(H)와 같이

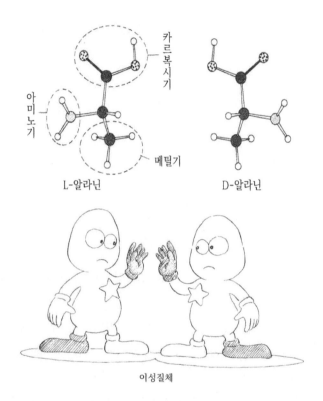

〈그림 2-15〉 D체와 L체는 실상과 거울상의 관계이다

4개 모두 똑같은 것은 하나도 없다는 사실이다.

글리신의 경우는 예외로서 수소 2개는 같기 때문에 이 조건은 충족되지 않는다.

알라닌에 한정되지 않고 유기 화합물의 골격을 형성하는 탄소에서 나와 있는 결합 손의 방향은 정사면체의 중심에서 각 정점으로 향했다. 4가닥의 손에 상이한 4개의 치환기가 붙으면 어떻게 될까?

앞에서 콩을 세공한 모양의 구조식으로 나타낸 것처럼 서로

펩티드

〈그림 2-16〉 단백질에서는 아미노산끼리 펩티드 결합으로
사슬 상태로 길게 연결된다

실상과 거울상의 관계로 또 하나의 알라닌이 생기는 것을 알
수 있다.

이 2개의 구조를 D체, L체로 명명하면 이 D체, L체는 똑같
은 4가지의 치환기가 붙어 있어도 아무리 뒤틀고 돌려도 D체,
L체의 2개를 겹칠 수 없다(〈그림 2-15〉 참고).

이 2개의 알라닌은 화학적 성질이 같으나, 생리 작용은 전혀
다르다. 구별하는 방법에는 광학적 측정법이 있다. 즉, D체와
L체는 빛의 진동 방향을 오른편과 왼편으로, 정반대의 방향으
로 비틀어 구부리는 성질이 있다. 이와 같은 성질을 광학 활성
체라 부르고 D체와 L체는 광학 이성질체라 한다. 또한 4개의
치환기가 모두 다른 중심의 탄소를 비대칭 탄소라 한다.

여기서 또 자연계의 신비는 단백질을 분해하여 얻은 20가지
의 아미노산이 모두 L체라는 것이다. 즉, 자연계에 존재하는
단백질은 동물성, 식물성을 불문하고 모두 〈표 2-5〉에 나타낸
것과 같은 20가지의 아미노산으로 이루어져 있다.

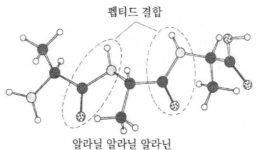

펩티드 결합

알라닐 알라닐 알라닌
(펩티드 결합의 한 가지 예)

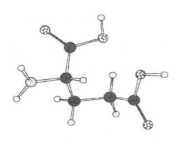

글루탐산

　단백질에서는 하나하나의 아미노산이 펩티드 결합에 의해 진주 목걸이와 같이 길게 연결되어 있다. 그때 20가지 아미노산이 연결되는 순서와 수에 따라서 여러 가지 단백질이 생긴다. 연결되는 순서와 수는 각각의 생물 세포 유전자 속에 단백질의 설계도로서 어미로부터 이어받았다. 그러므로 생물의 종류에 따라서 만들어진 단백질은 다양하다. 보통 1개의 단백질 분자를 구성하는 아미노산 분자의 수는 수천에서 수만 개다.

　카세인은 우유에 포함된 단백질이다. 또한 우리 혈액 속에는 사람혈청알부민이라는 단백질이 포함되어 있다. 건강식품으로 콩

프로틴이란 것이 있는데 이것은 콩의 단백질을 추출한 것이다.

20가지의 아미노산 중에서 어떤 것은 생물체에서 합성되나, 다른 것은 식료품에서 보급해야 한다. 이 종류의 아미노산을 필수 아미노산이라 부르며, 식품이나 영양 보급품으로 섭취해야 한다. 물론 편식하지 않는 한 건강한 사람에게 필요한 필수 아미노산은 일상 식품으로 충분히 공급된다.

아미노산은 단백질을 분해하면 만들 수 있으나 현재는 많은 아미노산을 발효법을 이용해 미생물이 만들어서 분별 추출하여 대량 생산한다.

가까운 주변에서도 조미료나 식품 첨가물로 여러 가지 아미노산을 사용한다. 예로 미원, 미풍 등으로 알려진 것은 L-글루탐산의 소듐염이다(제Ⅲ부-Ⅱ-2 참고).

25. 비타민

19세기의 영양학에서는 동물이 생존하기 위해 필요한 영양소로 탄수화물, 단백질, 지방 외에도 약간의 미네랄이 필요한 것을 알고 있었다. 그러나 실험 쥐에게 이들의 순수한 영양소를 혼합하여 먹여도 잘 자라지 않고 모두 죽어 버렸다. 그러나 여기에 약간의 우유를 공급한 실험 쥐는 잘 성장하는 것을 20세기 초 영국의 생화학자 홉킨스가 알아냈다. 홉킨스는 우유 중에 극히 미량이지만 성장에 꼭 필요한 어떤 것이 있다고 예언했지만 그것이 무엇인지 밝히지 못했다.

그 후 1920년대에 맥컬럼에 의해 그것의 정체가 밝혀지고, 비타민 A라고 이름 붙였다.

비타민은 극히 미량으로 생체의 생리 기능과 대사 과정을 원

〈표 2-6〉 비타민의 종류와 그 결핍증 및 영양원

수용성 비타민

	결핍증	함유한 식품
비타민 B_1	각기, 식욕 감퇴	고기류, 콩류, 계란노른자, 보리, 배아
비타민 B_2	입술 염증, 피부염	효모, 우유, 낫토, 녹황색 채소
니아신	입술 염증	효모, 간, 콩류, 생선
비타민 B_6	피부염, 빈혈	간, 고기류, 콩류, 계란
판토텐산	다리의 통증	간, 고기류, 콩류, 계란
비타민 H	래트 피부염	간, 고기류, 콩류, 계란
고린	지방간, 간경변	효모
폴산(엽산)	빈혈, 설염, 구내염	간, 치즈, 계란노른자, 오렌지, 콩류
비타민 B_{12}	악성 빈혈, 신경 장애	간, 치즈, 생선 및 조개류
α-리포산	피루빈산 산화 장애	간, 효모
비타민 C	괴혈병	과일, 레몬즙, 무즙
비타민 P	빈혈성 자색 반점병	레몬즙, 메밀, 토마토

지용성 비타민

비타민 A	야맹증	간유, 버터, 내장, 당근, 토마토
비타민 D	곱추병, 뼈나 이빨의 발육 불완전	간유, 버터, 내장, 계란노른자, 고등어, 청어, 송이버섯
비타민 E	래트 불임증	쌀, 보리의 배아유, 녹황색 채소
비타민 K	혈액 응고 장애	간, 내장, 간유, 토마토, 양배추, 시금치

활하게 하는 유기물질로 몸안에서 합성되지 않으므로 식품으로 섭취해야 하는 영양소이다.

비타민이 영양상 필수라는 것이 밝혀진 것은 20세기에 들어서이다. 이때까지 긴 세월 동안 비타민의 존재를 알지 못했으므로 많은 사람이 비타민 결핍증에 시달려 왔다. 각기병은 그

대표적인 예시다. 흰쌀만 먹으면 쌀겨에 많이 포함된 비타민 B
가 결핍되어 각기병에 걸리기 쉽다. 쌀겨 속에 각기병을 예방
하는 성분이 있다는 것은 1910년 스즈키 우메타로가 밝혔고
이를 오리자닌(Oryzanin)이라고 이름 지었다. 이것이 비타민 B_1
의 세계 최초 발견이고 후일에 비타민 B_1이라 불렀다.

비타민은 물에 녹기 쉬운 수용성 비타민과 유지에 녹기 쉬운
지용성 비타민으로 크게 나눌 수 있다.

비타민 A는 지용성, 비타민 B_1은 수용성 비타민의 대표적인
예이다. 12가지의 수용성 비타민, 4가지의 지용성 비타민이 알
려져 있다. 〈표 2-6〉에 이것을 한데 모아서 나타냈다.

비타민류는 모두 복잡한 화학 구조를 가진 유기 화합물이다.
오늘날에는 많은 비타민류를 화학 합성을 통해 공업적으로 대
량 생산하지만, 매우 복잡한 화학 구조를 가진 폴산(엽산)이나
B_{12} 등은 미생물에 의해 생산된 것을 분별 추출해서 의약용으
로 공급한다.

26. 호르몬

사람의 각 장기(소화계, 순환기계, 신경계 등) 모두가 전체적으로
조화를 이루고 정상적으로 움직이는 것은 신경에 의한 정보 전
달과 호르몬에 의한 정보 전달이 순조롭게 작용하기 때문이다.

신경에 의한 정보 전달은 신경 세포에 흐르는 전기 신호이
고, 호르몬에 의한 정보 전달은 혈액의 흐름으로 이루어진다.

호르몬이란 뇌하수체, 갑상샘, 부신피질, 췌장, 난소 또는 고
환과 같은 모든 내분비선이 각각 다른 사명을 띠고 생산하는
화학물질이고 필요에 따라서 혈액의 흐름 속에 방출된다. 방출

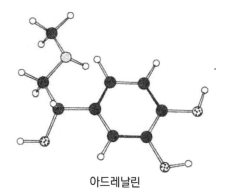

아드레날린

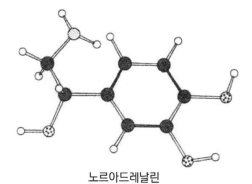

노르아드레날린

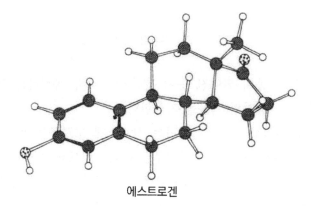

에스트로겐

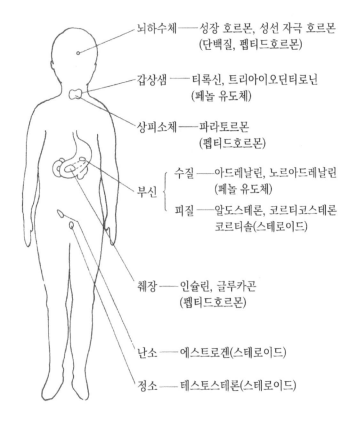

뇌하수체 —— 성장 호르몬, 성선 자극 호르몬
(단백질, 펩티드호르몬)

갑상샘 —— 티록신, 트리아이오딘티로닌
(페놀 유도체)

상피소체 —— 파라토르몬
(펩티드호르몬)

부신 { 수질 —— 아드레날린, 노르아드레날린
(페놀 유도체)

피질 —— 알도스테론, 코르티코스테론
코르티솔(스테로이드)

췌장 —— 인슐린, 글루카곤
(펩티드호르몬)

난소 —— 에스트로겐(스테로이드)

정소 —— 테스토스테론(스테로이드)

〈그림 2-17〉 내분비선과 분비 호르몬

된 호르몬은 몸의 떨어진 곳에 운반되어 각각 목적하는 장기에 도달하여 그 장기의 기능을 자극한다.

예컨대 부갑상샘에서 분비하는 상피소체 호르몬은 뼈의 형성에 중요한 활동을 한다. 부신수질에서는 아드레날린과 노르아드레날린이라는 2종류의 호르몬을 분비한다. 아드레날린과 노르아드레날린은 혈압을 상승시키는 호르몬이지만 그 혈압 상승의 메커니즘은 대조적이다. 즉, 아드레날린은 심장의 활동을 흥분시켜 혈관을 확장시키는 역할을 한다. 한편 노르아드레날린은 혈관을 수축시키거나 심장의 활동 자체에는 영향을 미치지 못한다.

호르몬은 생체가 정상적으로 활동하기 위해서 중요하며, 호르몬의 생산과 분비가 연속해서 주기적으로 변하므로 생체의 주기적 현상이 나타난다. 여성의 생리도 성호르몬의 주기적인 분비에 의해서 설명된다.

생리적으로 중요한 것은 호르몬이 극히 미량이라도 유효하다는 것이다. 예로 불과 $0.05\mathrm{mg}$의 난소 에스트로겐(여성 호르몬의 일종)으로 여성의 자궁 출혈이 일어난다.

몸의 정상 상태를 유지하기 위한 호르몬 분비 억제 기구는 체내의 균형을 유지하기 위해 피드백 기구로 형성되어 있다.

예로 부신피질 호르몬과 하수체 ACTH 호르몬의 관계와 같은 것이다. 즉, 혈액 중의 부신피질 호르몬의 농도가 높아지면 ACTH 호르몬의 분비가 적어지고 반대의 경우에는 ACTH 호르몬의 분비량이 많아진다.

호르몬은 그 화학 구조에 따라 다음의 4가지로 크게 나누어진다.

1. 페놀 유도체계(아드레날린, 노르아드레날린, 티록신, 트리아이오딘
   티로닌 등)
2. 단백질계(하수체 전엽 호르몬, 태반성 성선 자극 호르몬 등)
3. 펩티드계(인슐린, 글루카곤, ACTH, 세크레틴 등)
4. 스테로이드계(에스트로겐, 안드로겐, 프로게스테론, 코르티코이드 등)

27. 독약, 극약, 위험물

우리 주변에서 사용하는 화학물질 안전 대책의 하나로 여러 가지 법 규제를 하고 있다. 이 상황을 종합하면 〈그림 2-18〉과 같다.

그중에서 A무리에 속하는 법률은 화학물질 사용 시 발생하는 장애를 방지하기 위한 것이며, 화학물질이 어떤 목적에 의해 사용되는 경우에 한해서 그 규제를 받는 것이다. B무리의 법률은 화학물질의 안전 면에 착안하여 규제된 것이고, 용도에는 관계가 없다.

소화기나 호흡기를 거쳐 몸안에 섭취되었을 때 생리 작용이 매우 강하고 생명에 해를 미치는 화학물질은 독물로 지정되어 있다. 예컨대 청산가리(사이안화포타슘), 승홍(염화제이수은), 아비산(삼산화비소) 등이다. 또 치명적이진 않아도 생리 작용이 강하고, 피부에 닿으면 짓무르는 것과 같은 화학물질은 극물로 지정되어 있다. 잘 알려진 것으로 진한 염산, 진한 황산, 가성소다(수산화소듐), 포르말린, 과산화수소 등이 있다.

이들 독물, 극물의 품목은 '독물과 극물 단속법'으로 지정되었으며 정해진 규칙에 따라 구입하고 그 보관도 정해진 규칙에 따라야 한다. '독물과 극물 단속법'에 따르면 현재 27가지의 화학물질이 독물로, 97가지가 극물로 지정되었다.

예전에 아비산은 농가에서 쥐 퇴치에 사용하였으나 흰 가루이기 때문에 보릿가루로 잘못 착각하여 아비산이 들어간 경단을 만들어 먹고 전 가족이 죽은 비극도 있었다. 요즘에는 아비산을 갖고 있는 농가는 거의 없을 것이다.

독물, 극물 중에서 의약에 사용하는 것은 독약, 극약이라 부

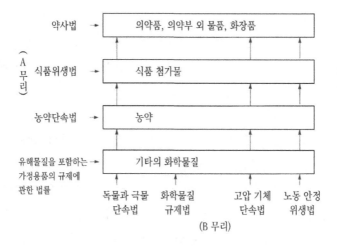

〈그림 2-18〉 화학물질의 법 규제

르며, 이들은 약사법에 따라 품목이 지정되어 있다.

수면제나 마취제에는 극약으로 지정된 것이 많다. 아편류, 코카인류, 카페인류, 바르비탈류 등이고, 습관성인 것은 마약으로 분류되며 취급법이 매우 엄하다.

또 독물, 극물에는 지정되지 않아도 생리 작용이 매우 강한 천연물도 많이 있다. 예컨대 식물에는 독버섯, 동물에는 독뱀, 복어 독 등 치명적인 독을 가진 것이 많다.

이들 천연물의 독 성분은 화학 구조에서 보면 천차만별이고 화학 구조와 독 작용과의 관계는 단순하지 않다.

식물의 독 성분은 질소를 포함한 알칼로이드라는 특정한 유기물질인 경우가 많으나, 알칼로이드의 화학 구조도 여러 가지로 존재한다. 동물의 독 성분은 매우 다양하며 어떤 독성물질은 생체 내에 존재하고 있는 생체 성분과 종이 한 장 차이밖에 안 되는 것도 있다. 이와 같은 독 성분을 악용하면 완전 범죄도 가능하다.

또 세정제, 스프레이제, 곰팡이 방지제, 방충 가공제, 용제, 방염 가공제, 합성수지 첨가제 등 가정용품으로 많이 사용하는 화학물질 중에 실수로 유해물질이 섞이지 않도록 가정용품에 섞일 염려가 있는 유해물질은 '유해물질을 함유하는 가정용품의 규제에 관한 법률'에 의해 규제되어 있다. 여기서 말하는 유해물질이란 가정용품에 포함된 물질 중에서 사람의 건강에 해를 일으키는 위험이 있는 물질이고, 현재 17가지의 화합물이 지정되었다. 예컨대 섬유류의 수지 가공에 사용되는 포르말린, 스프레이용 용제에 포함될 위험이 있는 트리크렌 등이다.

또 식품 첨가물에 대해서는 사용이 인정된 화학물질의 종류, 첨가량, 용도 등이 식품위생법에 의해 규제되었다.

또한 생리 작용과는 별도로 인화하기 쉽거나 폭발하기 쉬운 화학물질이 있고 이들은 소방법으로 위험물로 규정되었다.

소방법의 분류에 의하면 위험물은 그 성질에 따라 6종류로 분류된다.

제1류는 산화성이 강한 화학물질이고 무기과산화물, 아염소산염, 중크로뮴산염 등이 포함된다. 이들을 가정에 두고 사용하는 일은 거의 없다. 그러나 순도가 높은 '표백분'은 '고도 표백분'이라 부르며 표백제나 상하수도의 살균 소독제로 사용하고 가정에서 사용하기도 한다. 또 과염소산소듐은 제초제로 사용한다. 이들은 산화력이 강하므로 제1류의 위험물이다.

제2류는 공기 중에서 발화하기 쉬운 고체이고 철가루나 금속가루, 금속 마그네슘 등이며, 가정에서 사용하는 경우는 별로 없다.

제3류는 자발적으로 발화하거나 물에 젖으면 발열 또는 발화하는 것이고 금속 소듐, 황인, 카바이드(Carbide) 등이 포함된다. 이들은 가정에서 거의 사용하지 않는다.

제4류는 등유, 가솔린, 알코올 등 타기 쉬운 인화성 액체이고 가정에서도 많이 쓴다. 이들은 밀폐된 용기에 넣고 불기가 없는 곳에 저장하도록 주의해야 한다. 특히, 가솔린은 기화하기 쉬우므로 상당히 약한 화기로도 인화된다. 또 자동차의 가솔린 탱크 이외의 장소에서 가솔린을 폴리 탱크 등에 보관할 때는 등유와 혼동하지 않도록 세심한 주의를 요한다.

제5류는 약간의 화기에도 폭발적으로 타는 것으로 다이너마이트, 무연 화약 외에 아조 화합물, 디아조 화합물을 포함한다. 이 종류의 화학물질이 일반 가정에 있는 경우는 없다.

제6류는 산화성이 강한 무기물질이고 과염소산, 과산화수소, 질산 등이 포함되며 이들도 일반 가정에 있는 경우는 없다. 소독용의 과산화수소수(옥시돌)는 3% 정도의 묽은 수용액이고 이것은 위험물에 들어가지 않는다.

제Ⅲ부

우리 주변의 화학물질의 정체

I. 거실에서

1. 건조제(실리카겔)

김, 전병, 쿠키와 같은 식품은 공기 중의 수분을 흡수하므로 습기가 없도록 건조제와 같이 밀봉한 용기에 넣는 것이 보통이다. 밀봉하면 건조제를 넣을 필요가 없을 것 같으나 보관 중에 잘못하여 용기가 찢어지거나 했을 때의 대비와 더불어 개봉 후에도 건조 상태를 오래 유지하기 위해서이다.

이와 같은 음식물의 건조제는 위생상 무해해야 하며 만일 건조제가 음식물에 접촉해도 음식물의 맛이 손실되면 안 된다.

이와 같은 조건을 충족하는 건조제로 실리카겔이 있다. 실리카겔의 정체는 규소와 산소의 화합물로 화학적으론 해변의 백사와 똑같은 물질이다. 다만 백사는 산소와 규소가 규칙적으로 배열된 결정인 데 반해 실리카겔은 그 배열법이 불규칙하다(제 II부-8 참고).

그리고 눈에는 물론 현미경으로 보아도 보이지 않지만 실리카겔 입자는 지름 $10\sim30\text{Å}$ 정도의 매우 작은 구멍이 무수히 많다. 따라서 구멍 안쪽의 표면적은 놀랄 만큼 커서 불과 1g의 실리카겔의 입자 표면적은 세공의 내부 표면까지 고려하면 놀랍게도 450㎡에 이른다. 이 표면에 수분이 흡착하므로 적은 실리카겔로 많은 양의 수증기를 흡수할 수 있어 건조제로 사용한다. 예컨대 100g의 실리카겔로 $20\sim30$g의 수분이 흡수된다.

실리카겔은 무미 무취하고 위생상으로도 무해하므로 식품의 건조제로 안심하고 쓸 수 있다. 보통 지름이 수 밀리미터의 구슬 모양으로 만들어졌고 동시에 푸른색의 실리카겔이 섞였다.

이것은 실리카겔을 염화코발트로 염색한 것으로 건조 상태에는 푸른색이고 물을 흡수하여 건조력을 잃으면 분홍색이 되므로, 실리카겔의 건조력이 아직 남아 있는지의 여부를 알 수 있다. 물을 흡수한 실리카겔은 파라핀에 넣고 약하게 가열하면서 섞으면 다시 푸른색으로 되돌아간다. 그러므로 실리카겔은 반복해서 쓸 수 있다.

실리카겔의 건조력은 상당히 강해서 실리카겔이 들어 있는 통 속에 활짝 핀 장미꽃을 넣고 밀폐하면 며칠 동안에 장미꽃은 바싹 말라 버린다. 고운 꽃 색상은 싱싱할 때와 변함이 없다. 따라서 드라이플라워는 이와 같이 만들 수 있다. 건조에 사용한 실리카겔 입자는 앞에서 말했듯이 가열, 건조하면 반복해서 사용할 수 있다.

2. 건조제(생석회)

식품의 건조제로 실리카겔과는 전혀 다른 형태의 건조제를 사용하기도 한다.

실리카겔은 반투명한 구슬 모양 입자이지만, 이 건조제는 흰 가루를 굳힌 것과 같다. 보통 흰 가루가 튀어 흩어지지 않도록 통풍이 잘되는 포장지 속에 밀폐한다. 시험 삼아 봉지를 찢고 속에 있는 흰 가루를 조금 맛보면 아릿한 맛이 난다. 이 정체는 산화칼슘 또는 생석회로 칼슘과 산소의 화합물이다(제Ⅱ부-6 참고). 생석회의 원료는 석회석이고 산호, 유공충(有孔虫) 등의 시체가 오랜 세월 동안에 암석으로 변한 것이다.

석회석의 주성분은 탄산칼슘이고 이것은 이산화탄소(탄산가스)와 칼슘이 결합한 것이라고 말할 수 있다. 그 증거로 석회석을

900℃ 이상으로 태우면 이산화탄소가 발생하고 나중에 흰 덩어리가 남는다. 이 흰 덩어리가 산화칼슘이고 생석회라고도 부른다. 생석회는 다음과 같은 식으로 제조된다.

$$CaCO_3 \xrightarrow{\text{가열}} CaO + CO_2$$

석회석　　　　　　생석회　　이산화탄소(탄산가스)

생석회는 용광로에서 철광석으로 철을 만들 때 첨가제 또는 시멘트의 원료로 공업적으로 대량 소비한다.

생석회는 공기 중에서 수분과 이산화탄소를 흡수하여 소석회(수산화칼슘)나 탄산칼슘으로 변해 간다. 또 물을 끼얹으면 몹시 반응하여 발열하고 수산화칼슘으로 변한다.

$$CaO + H_2O \rightarrow Ca(OH)_2$$

생석회　　물　　　　　소석회

식품의 건조제로 이 성질을 이용한다. 생석회는 공기 중의 수분을 흡수하여 소석회로 변하지만 그 자신은 위생상 무해하고 가루가 묻지 않는 한 맛도 잃지 않으며 또 흡습(습기를 빨아들임)해도 액체가 되는 경우가 없으므로 식품의 건조제로 편리하다. 또 사용한 건조제를 버려도 환경에 악영향을 미치지 않는다. 실리카겔에 비해 값이 싼 것도 장점 가운데 하나이다.

3. 건조제(염화칼슘)

의류 상자나 옷장 속에 넣는 건조제로 흔히 깡통에 들어 있는 건조제를 사용한다. 사용하기 전에 개봉하여 옷장 속에 넣으면 처음에는 고체이지만 흡습하면 액체가 되어 마지막엔 전체가 질척질척한 액체가 된다. 이 건조제의 정체는 염화칼슘이고 염소와 칼슘의 화합물이다. 염화칼슘의 덩어리는 매우 흡습성이 좋아서 100g의 염화칼슘은 약 100g의 수분을 흡수한다. 식품의 건조제로 사용하는 생석회나 실리카겔이 100g당 20g 정도의 수분밖에 흡습하지 못하는 것과 비교하면 염화칼슘의 흡습력은 매우 크다. 따라서 옷장이나 의류 상자 속에 넣는 건조제로 사용하기에 적절하다.

다만, 염화칼슘은 흡습이 진행되면 전체가 액체가 되는 결점이 있다. 이것은 흡습한 수분에 염화칼슘이 녹는 현상이며, 전문 용어로는 조해라고 한다. 조해가 진행되면 전체가 액체로 된다. 따라서 잘못하여 건조제의 깡통을 거꾸로 뒤집으면 속의 액체가 흘러나와 의류를 더럽히게 된다. 물론 물로 간단히 씻을 수 있으나 값비싼 의상은 주의해야 한다.

또 염화칼슘은 맛이 쓰기 때문에 식품의 건조제로 부적합하다.

깡통 속의 내용물이 완전히 액체가 되면 건조력을 잃은 것이므로 새것과 바꿔야 한다. 깡통의 내용물은 염화칼슘의 수용액이므로 하수도에 방류해도 상관없다. 또 이 액체를 파라핀에 넣고 약한 불에서 휘저으면서 가열하면 수분이 증발되어 고형의 염화칼슘을 얻을 수 있으나 번거로우므로 실제적인 방법이 못 된다.

건조제를 사용할 때 옷장이나 의류 상자는 밀폐할 수 있는 것이 바람직하다. 틈이 있으면 바깥 공기의 수분이 쉽게 침입하여 건조제의 수명을 그만큼 단축시킨다.

4. 화학 걸레

전기 청소기와 화학 걸레 덕택으로 집 안의 청소가 매우 편해
졌다. 이들이 보급되기 전에는 빗자루로 쓸고 물걸레로 닦는 것
이 보통이었다. 물걸레의 경우 닦아 낸 먼지를 다시 깨끗이 빨아
야 했다. 특히 추운 겨울 아침에는 힘든 일이었다.

화학 걸레로 청소하면 표면이 젖지 않고 먼지를 깨끗이 닦아
낼 수 있다. 이 비밀은 어디 있을까? 화학 걸레의 특징은 다음
과 같다.

1. 물을 쓰지 않고 먼지를 닦아 낸다.

2. 먼지를 내지 않고 먼지를 닦아 낸다.

3. 닦아 낸 먼지는 쉽게 분리되지 않는다.

이들의 특징은 걸레의 섬유에 내장한 장치에 따라서 발휘된다.

걸레 본체는 보통의 무명실로 된 헝겊에 불과하나 이 섬유에
먼지 흡착제를 스며들게 했다.

먼지 흡착제는 계면활성제의 도움으로 파라핀 기름과 같은
광물 기름을 유액 상태로 물속에 분산시킨 것이다. 이와 같은
상태의 기름은 현미경으로 보아서 겨우 알 수 있을 정도인 수
μm($1\mu m$는 $1mm$의 1,000분의 1)의 기름방울이 되어 물속에 분산된
다. 그리고 이 유액 속에 걸레 본체의 헝겊 조각을 넣으면 기
름방울은 섬유의 표면에 흡착한다. 이것을 짜서 말린 것이 화
학 걸레이고 손으로 만져 보면 촉촉하게 느껴진다.

화학 걸레로 물건을 닦으면 표면의 먼지는 걸레의 섬유 표면
에 모여서 허술하게 포집된다. 그때 섬유의 표면은 기름에 젖
어 있으므로 먼지는 기름 속으로 들어가서 보다 강하게 포집된

〈표 3-1〉화학 걸레로 먼지를 포집하는 기능(『화학』 37, 1982)

모양 그림	먼지의 포집 작용	세기
i) 섬유소재 / 먼지	섬유의 엉킴에 따라 긁어 모은다.	느린 포집
ii) 흡착제	흡착제가 젖어서 섬유 표면에 부착한다.	보다 센 포집
iii)	흡착제가 젖어 늘어나서 먼지를 모은다.	보다 많은 포집

다. 기름에 젖은 먼지는 서로 엉겨붙어서 더 많은 먼지가 포집
된다.

시중에 파는 화학 걸레는 렌트 방식이 많고, 일정 시간 사용
한 다음 회수하여 공장에서 세탁하고 다시 흡착제로 처리해서
사용한다. 또, 사용 중에 곰팡이가 생기거나 세균류가 달라붙는
것을 방지하기 위해 먼지 흡착제와 곰팡이 방지제, 항균제 외
에 향료 등도 첨가하고 있다.

5. 안경닦이

종래의 안경닦이로 가장 고급이었던 것은 세미가죽이었다.
이것은 더러운 것을 잘 닦아 내지만 섬유 부스러기가 떨어지거
나 가죽이 굳어지거나 오그라드는 결점이 있고 값도 비싸다.
그에 비해 안경닦이는 값도 적당하고 놀랄 만큼 먼지도 잘 닦

아 낸다. 그 비밀은 어디에 있을까?

이 안경닦이의 섬유를 전자 현미경으로 조사해 보면 놀랄 만큼 가는 섬유로 짜인 것을 알 수 있다.

보통 직물의 섬유 굵기는 5~10㎛인데 반해 안경닦이의 섬유는 1~2㎛ 정도이다. 머리카락의 굵기는 60~80㎛이므로 그 섬유의 가는 정도는 상상할 수 있을 것이다.

일반적으로 실의 굵기를 비교할 때 실의 단면이 꼭 둥글지는 않으므로 섬유의 지름을 비교하는 것보다 일정한 길이의 섬유 무게를 비교하는 것이 합리적이다. 그 때문에 섬유의 굵기는 보통 데니어(Denier)란 단위를 사용한다. 9㎞ 길이의 실이 1g일 때 1데니어(D)라 한다. 천연 섬유, 합성 섬유를 포함한 보통의 섬유는 거의 1데니어 이상이다. 반면 안경닦이의 섬유는 0.05데니어이다. 게다가 섬유는 폴리에스테르로 되어 있다.

때를 닦아 낼 때는 굵은 섬유로 된 직물로 닦는 것보다 가는 섬유로 닦는 것이 더욱 잘 닦인다. 마치 하나의 날을 가진 면도기보다 두 개의 날을 가진 면도기가 더 잘 깎이는 것과 같다. 섬유가 가늘면 가늘수록 짜인 직물의 단위면적에 포함된 섬유의 가닥수가 많으므로 더러운 표면을 통과하는 섬유의 가닥수는 많다. 또 한 가닥 한 가닥의 섬유는 가는 만큼 매우 부드러워서 유리 면에 잘 밀착된다.

섬유가 가늘기 때문에 기름이나 먼지를 흡착하는 효과도 크다. 또한 섬유의 소재인 폴리에스테르는 기름과 친숙하기 쉬운 특성을 가지므로 때를 닦는 효과가 크다. 그 밖에 극세 섬유로 짠 직물은 다음과 같은 특징이 있다.

섬유 간의 공간도 많으므로 닦아 낸 먼지나 그림이 이 공간

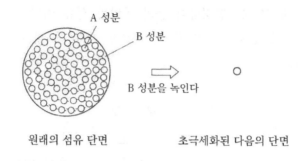

〈그림 3-1〉 초극세 섬유를 만드는 방법

에 보유된다. 또 섬유가 약간씩 서로 얽혀 있기 때문에 섬유 공간이 어긋나고 세탁할 때도 직물의 변화가 일어나기 어렵다. 섬유의 표면은 특별한 약품 처리를 하지 않았으므로 더러워지면 세탁해서 다시 사용할 수 있다.

합성 섬유도 1데니어 정도의 굵기까지는 방사 기술로 만들 수 있다. 즉 누에가 견사를 뽑는 것과 같이 작은 구멍에서 실의 원료가 되는 고분자 화합물의 액체를 밀어내서 이것을 잡아당겨 굳어지게 하는 방법이다. 그러나 이 방법으로 1데니어보다 가는 섬유의 실을 뽑으면 끊어지므로 안심하고 섬유를 만들 수 없다. 그래서 0.05데니어와 같은 극세 섬유는 해도(海島)형 복합 섬유라는 것을 거쳐 만든다. 이것은 지금까지의 방사 기술로 우선 1개의 복합 섬유를 만든다. 이 복합 섬유는 A라는 소재로 된 초극세 섬유에 B라는 소재를 붙인 것과 같으며, 그 단면은 〈그림 3-1〉과 같다.

우선 이와 같은 복합 섬유를 만든 다음 B성분을 녹여버리면 초극세 섬유가 묶음으로 되어 남는 이치이다.

초극세 섬유는 안경닦이 등의 와이핑 섬유 이외에, 스웨이드 (Suede) 풍 인공 피혁의 원료, 의료용 재료 등 넓은 응용이 기대된다.

6. 얼룩 빼기와 주택 가구용 세제

의류의 때는 유성 때와 수성 때로 구별한다.

유성 때는 버터, 크레용, 립스틱, 볼펜, 유성 연필, 기계유, 식용유, 소매 때 등이 있다. 수성 때는 장, 소스, 술, 맥주, 커피, 과즙, 된장국, 우유, 콜라 등 각종 식품 또는 혈액의 얼룩 등이다. 따라서 얼룩 빼는 것도 유성, 수성 때의 종류에 따라서 구별하여 써야 한다.

유성 때는 유기 용제를 주성분으로 하는 액을 사용한다. 가장 간단한 것은 벤젠(탄소 수 5~7인 포화탄화수소로 가솔린과 같은 것, 제Ⅱ부-13 참고)이다. 때가 유성과 수성이 섞여 있을 경우에는 유기 용제에 계면활성제(제Ⅲ부-Ⅲ-2 참고)를 첨가한 것이 편리하다.

연필 타입의 유성 얼룩 빼기 '퀵크린(에스테)'은 트리클로로에탄과 이소프로필알코올의 1:1 혼합액에 비이온 계면활성제를 1~2% 첨가한 것이다.

또 수성 얼룩 빼기는 계면활성제(비이온과 음이온)의 수용액이 사용된다.

주택 가구의 때도 의류의 때와 거의 비슷하나 의류만큼 복잡하지 않으므로 강력한 계면활성제를 쓸 수 있다. 이들은 모두 음이온 계면활성제로서 얼룩 빼기보다 계면활성제의 농도가 높다.

7. 일회용 주머니 난로

주머니 난로[회로(懷爐)라고도 함]는 일본인의 생활에 예부터 정착된 생활 용구의 하나이다.

옛날에는 온석(溫石: 경석이나 활석을 따뜻하게 달구어 천에 싼 것)이라 하여 차돌 같은 반들반들한 작은 돌을 모닥불에 달군 후 이것을 헝겊에 휘감아 싸서 주머니 속을 데웠다. 1800년대 중반부터 1900년대 초반까지 널리 사용하였는데, 주머니 난로 재를 태워서 따뜻하게 하는 방식의 주머니 난로이다. 오동나무, 짚 등을 원료로 만든 숯가루를 통 모양으로 만들어 주머니 난로 속에서 천천히 연소시킨다. 한 자루의 숯으로 약 12시간 정도 따뜻하게 할 수 있다.

1900년대 중반에 백금 난로가 보급되었다. 밀폐 용기에 넣은 솜에 벤젠을 넣고 입구에 백금을 포함한 석면을 채운다. 벤젠이란 가솔린과 같이 탄소 수 5~7 전후의 포화탄화수소(제Ⅱ부-13 참고)의 혼합물이다. 벤젠의 증기가 석면 부위에 접촉하면 백금이 촉매가 되어 벤젠이 공기로 산화해 뜨거워진다. 백금 촉매에 의한 벤젠의 산화 반응은 실온에서 일어나지 않으므로 맨 처음에 외부에서 가열해야 되지만 산화 반응이 시작되면 자연 발열하므로 외부에서 가열할 필요가 없다.

벤젠에 불을 붙이면 한 번에 타지만 백금 회로인 경우 용기에서 발생된 벤젠 증기만 산화되므로 오랫동안 발열이 계속된다. 게다가 백금 석면의 표면에만 산화가 일어나므로 벤젠이 산화되어도 불꽃을 내면서 타는 일은 없으므로 품속에 넣고 있어도 언제나 안전하다.

그러나 이 같은 주머니 난로도 문제는 있다. 앞선 주머니 난로는 단단하고 허리나 관철 부위 등을 따뜻하게 하기에는 무리였고 맵시가 없었다. 또한 화기를 쓰기 때문에 휴대할 수 있는 장소의 제한이 있고 온도 조절이 어려웠다.

이와 같은 문제점을 해결한 것이 일회용 주머니 난로이다.

일회용 주머니 난로의 특징은 명칭 그대로 일회용이라는 것이다. 또 불을 안 쓰고 화학 반응에 의해서 열을 발생시켜 뜨겁게 한다.

주머니 난로의 숯이 타서 백금 주머니 난로에서 벤젠의 증기가 산화하는 것도 모두 산화 반응이라는 화학 반응이다. 일회용 주머니 난로 봉지 속에도 철가루가 공기 중의 산소에 의해 천천히 산화되고 그때 발열된다.

$$4Fe \ + \ 3O_2 \ \xrightarrow{\text{발열}} \ 2Fe_2O_3$$

철가루   공기 중의 산소   산화철

숯이 산화할 때는 불이 보이고 백금 주머니 난로의 경우에도 백금 석면 표면에서 벤젠의 증기가 접촉된 부분에 매우 약한 불이 보이지만, 일회용 주머니 난로에서는 철가루의 산화가 매우 늦게 진행되므로 불은 보이지 않는다.

철판은 비바람에 노출시키면 점점 녹이 슨다. 이것도 산화 작용이지만 서서히 진행하므로 발열을 느끼지 못한다. 일회용 주머니 난로는 철을 고운 가루로 만들었다. 고운 가루로 만들었으므로 철의 표면적이 넓어 공기에 접촉하기 쉽다.

순수한 산소에 철가루를 넣으면 순식간에 산화되지만, 주머니 난로의 경우 봉지에 꽉 찬 철가루가 약 12시간 정도에서 산화되도록 산화 반응 속도를 조절해 놓는다. 조절을 하기 위해 촉매로서 소금, 활성탄, 수분 등을 적당히 섞어 놓았다.

물론 봉지 속의 철가루가 사용 전에 산화되면 무의미하므로 이 봉지는 산소가 통과하기 어려운 플라스틱 필름으로 밀폐하고 실제로 사용할 때에는 플라스틱 필름을 찢는다. 봉지를 꺼낸 후 안의 철가루와 공기를 잘 섞어야 하므로 속 봉지는 통기성이 좋고 안의 철가루가 튀어나오지 않을 재료로 만든다.

안에 들어 있는 철가루는 인체에 무해하고 쓰고 난 다음 버려도 환경에 악영향을 미치지 않는다.

8. 살충제

하수도 등이 정비되어 우리의 주거 환경이 향상됨에 따라 특히 대도시에서는 파리, 모기, 기타 여러 해충에게 괴롭힘을 받는 일이 줄어들었다. 그러나 한편으로 난방, 가정 전기 제품의 보급과 함께 음식물이 충분해진 시대가 되어 바퀴벌레가 맹렬한 기세로 늘어났다. 이것은 집 안이 연중 쾌적한 온도를 유지하며, 음식물도 부족하지 않고, 가전제품 등 바퀴벌레의 은신처로 적당한 장소가 많아졌기 때문이다.

바퀴벌레가 병원균의 운반 역할을 한다는 것은 잘 알려져 있다. 바퀴벌레는 가정주부가 제일 싫어하는 해충이다.

바퀴벌레의 퇴치법으로 여러 가지 방법을 써 왔으나 일망타진하는 방법은 없었다.

다만 요즘에 건축 자재나 창틀(Sash)의 발전으로 주거의 밀폐성이 좋기 때문에 증산식(蒸散式) 살충제를 응용하여 이제 일망타진할 수 있게 되었다. 증산식 방법을 이용해 살충 효력을 가진 약제를 기체나 안개 상태로 증산시켜 바퀴벌레가 숨은 구석

구석까지 살충제를 뿌린다. 스프레이식 살충제도 이 원리로 만들었으나 국소적이고 방 전체 또는 한 층 전부에 연기를 피우는 것은 역부족이다.

살충제를 증산시키는 데는 여러 가지 형식이 있는데 크게 나누면 다음과 같다.

1. 가열 증산법

    (a) 연소 가열형

    (b) 가수 반응 가열형

2. 훈연(燻煙)법(자기 연소형)

    (a) 착화 발연형

    (b) 선향(線香)형(모기향과 같은 것)

이 중에서 단시간에 다량의 약을 증산시키면서도 안전한 것은 1번의 형식이다.

1번의 형식은 살충제가 든 용기를 적당한 방법으로 가열하여 그 열로 살충제가 기화 또는 안개가 되어 실내에 퍼지게 하는 방식이다.

초기의 증산 살충제는 연소 가열형이었다. 이것은 꼭 닫은 방 속에 불이 붙은 증산 기구를 놓기 때문에 화재의 부담이 있어 그다지 많이 보급되지 않았다.

그러나 화학 반응열을 이용해 물을 가해서 발열시키는 방법이 개발되어 화재를 예방할 수 있는 가열 증산법이 실용화되었다. 이 형식의 바퀴벌레 퇴치기는 〈그림 3-2〉에서와 같이 다중 구조의 용기이고 맨 안쪽의 용기에는 살충제의 주성분이 들어 있다. 대부분 제충국(除虫菊: 국화과의 다년생 식물)의 유효 성분

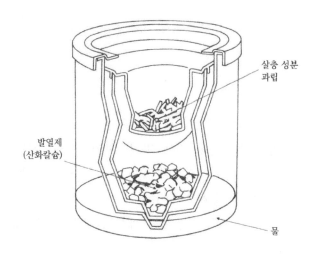

살충 성분
과립

발열제
(산화칼슘)

물

〈그림 3-2〉 가열 증산 시스템의 구성

과 유사한 화학 구조를 가진 합성 살충제이다.

이 용기 밑에는 알갱이로 된 산화칼슘이 있다. 산화칼슘이란 생석회이다. 생석회에 물을 넣으면 몹시 발열한다. 50g의 생석회는 0℃의 물 1ℓ를 13℃까지 높일 수 있다. 이 증산기는 보존 중에 습기가 들어가지 않도록 방수 필름으로 밀폐하지만 포장을 열고 물 접시 위에 올려놓으면 생석회는 곧 물과 반응하여 300℃까지 올라간다. 이 열로 살충제의 성분이 안개가 되어 실내에 충만하게 된다.

현재 사용하는 대부분의 살충제는 피레드로이드계 살충제이다.

피레드로이드계 살충제는 제충국의 성분을 개량해서 화학 합성으로 만든 것이고 제충제보다 살충 효과가 더욱 크다.

효과가 빠르고 인체에 무해하며(생선에는 독성이 강하다), 잔류성이 적은 특성이 있다. 퍼메트린은 그 대표적인 예이다.

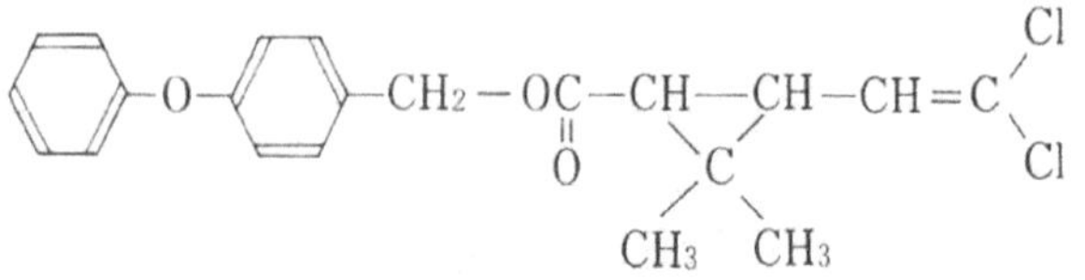

〈그림 3-3〉 퍼메트린

이 살충법은 바퀴벌레 외에 파리, 모기, 빈대, 진드기, 벼룩 등에도 유효하다. 단, 지속성이 그다지 길지 않아 1년에 1~2회 정도 정기적으로 교체해야 한다.

또 피레드로이드계의 살충제는 매트식의 전자 모기향 기구의 살충제로도 사용된다.

9. 접착제

가게의 접착제 코너를 보면 접착제의 종류가 많은 것에 놀라게 된다. 어느 접착제가 어떤 특징을 갖는지 모르면 선택하기 어렵다. 접착제는 2개의 물질을 붙이는 역할을 하는데 우리 주변에도 접착제가 많이 쓰인다.

예컨대 자동차의 내장, 외장에도 접착제를 사용하고 지금은 자동차 1대에 1~2kg의 접착제를 쓴다. 또 옛날엔 항공기의 조립에 리벳(Rivet)이나 용접을 이용했으나 기체의 경량화에 따라 보다 가볍고 진동에도 강한 접착제를 쓰게 되었다. 항공기용 접착제는 최첨단의 하이테크 접착제이지만, 가정용 접착제도 최근에 매우 발달하였고 이 성능을 알면 매우 편리하다.

가정용 접착제는 대부분 튜브에 든 액체가 많으나, 크게 두 가지 종류로 구별된다. 즉, 1액성과 2액성이 있다. 2액성인 것은 두 가지 튜브의 약을 사용할 때 혼합하여 쓰는 것이고 1액성인 것은 한 가지의 약품이다.

1액성인 것 중에서 많이 쓰이는 것은 고무풀 타입이다. 폴리아세트산비닐, 폴리염화비닐, 폴리아크릴산에스테르, 폴리메타크릴산에스테르, 천연 고무, 합성 고무 등 고무상의 고분자 화합물이 아세톤, 메틸에틸케톤, 톨루엔 등의 용제에 녹아 점성이 있는 액체이다. 접착면에 바르고 잠시 있으면 용제가 증발하여 접착력이 생기므로 접착면을 서로 붙일 수 있다.

이 종류의 접착제는 용제가 증발한 다음에도 무르기 때문에 목재, 금속, 플라스틱은 물론이고 직물이나 가죽 등 부드러운 재료의 접착에 편리하다. 구두 뒤축이나 창을 갈 때 사용하는 고무풀도 이 종류의 것이다. 단, 사용할 때 용제의 증기를 흡입하지 않도록 주의해야 한다.

1액성인 것으로 흰 유액상인 것도 있다. 수성 에멀션(Emulsion)형이라 부르며 유기 용제를 포함하고 있지 않으므로 인체에 안전하다. 수분이 증발하여 건조함에 따라 접착력이 생기므로 완전한 접착력이 생길 때까지(약 하룻밤) 접촉면을 고정시켜야 한다. 목공용 외에도 종이, 판지, 직물, 섬유의 접촉 등에 널리 쓰인다. 젖어 있을 때는 물로 간단히 씻을 수 있는 것도 에멀션형의 이점이다.

1액성에는 또 하나의 특징이 있는 순간접착제가 있다. 시아노아크릴레이트계로 불리는 것으로 이 화합물은 공기 중의 수분과 반응하여 빨리 굳어진다. 예컨대 2장의 철판을 이 접착제로 붙여서 10분쯤 지나면 명함 1장 크기의 접촉 면적으로 덤프트럭 1대(12톤) 정도를 달아맬 수 있다. 접착은 순간적이고 외과 수술 후의 봉합에도 사용될 정도이므로, 손가락에 접착제를 붙인 채로 부주의하게 어딘가에 닿거나 하면 손가락이 떨어지지 않으므로 취급에 주의해야 한다. 직물, 섬유 또는 다공성 목재 등에는 부적당하나 금속, 도자기, 플라스틱 등의 접착에는 편리하다.

2액성인 것은 에폭시형이라 부르고 2가지의 액체를 섞으면 5~10분 안에 굳어진다. 속히 굳어지는 것과 늦게 굳어지는 것이 있으며, 용도에 따라 구별해서 사용한다. 시간이 흐르면 접착제 전체가 굳어져서 틈이 많은 접착면에도 응용되는 이점이 있으나 접착제가 딱딱하게 굳어지기 때문에 직물, 섬유, 피혁 등 부드러운 재료의 접착에는 부적합하다.

접착제를 쓸 때의 공통적인 주의 사항으로, 접착면을 되도록 평평하게 하고 기름기나 때를 깨끗이 제거해야 한다.

10. 접착테이프

셀로판, 소포 테이프, 와펜(Wappen: 블레이저코트의 가슴, 팔에 다는 수놓은 헝겊 휘장) 또는 봉투의 풀칠하는 부분 등 우리 주변에는 누르면 붙는 종류의 테이프나 응용 제품이 많이 쓰이고 있어서 생활에 매우 편리하다.

이들은 일반적으로 감압접착이라 부르고 접착제의 한 가지 응용이다. 예컨대 셀로판테이프의 절단면을 자세히 조사하면 〈그림 3-4〉와 같이 다섯 층으로 된 것을 알 수 있다. 테이프의 골격을 이루는 것은 중심층 3의 셀로판이다. 그 위에 접착제 1이 칠해졌는데 접착제가 셀로판에 익숙해지기 쉽도록 셀로판 양면에 초벌제 2가 칠해지고 그 위에 접착제를 칠했다. 접착제

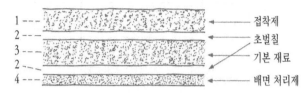

〈그림 3-4〉 접착테이프의 일반 구조

는 천연 고무나 테르펜 수지의 혼합물이 주성분이다. 또한 셀로판테이프는 롤 상태로 감겨 있으므로 겉의 접착제가 뒷면의 셀로판에 붙지 않도록 배면 처리제 4를 칠한다.

와펜의 경우는 인쇄물의 뒷면에 접착제가 칠해져 있고 접착제 위는 박리 종이로 보호되었다. 사용할 때 박리 종이를 벗기고 붙인다.

접착테이프는 누르면 곧 붙으나 접착제의 기능에선 2단계를 거친다고 생각할 수 있다. 우선 처음에 순간적으로 달라붙는 것은 접착제에 내장된 테르펜 수지가 그 역할을 담당한다. 확실한 접착은 그것에 연달아 시작되는데 이는 천연 고무의 작용이다.

소포 테이프는 크라프트 종이에 접착제를 칠한 것이고 겹쳐 붙이면 테이프 뒷면에 배면(背面) 처리제를 칠했기 때문에 붙지 않는다. 요즘은 이 결점을 보완해서 겹쳐 붙일 수 있는 소포 테이프도 개발되었다. 이 밖에 기초 재료로 헝겊(소포 테이프, 반창고), 알루미늄 시트(키친 테이프), 발포 스틸렌 종이(양면 접착 테이프) 등 여러 가지 용도로 개발된 접착테이프가 있다. 봉투에 풀칠하는 부분에 사용하는 것도 천연 고무계의 접착제이나 봉할 때까지는 접착면끼리 붙지 않도록 박리 종이를 붙이는 등

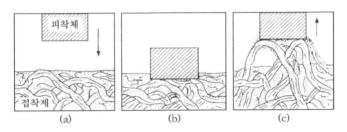

〈그림 3-5〉 접착제의 내부 구조와 접착 작용

여러 고안을 하고 있다.

양면 접착테이프도 접착테이프의 응용이며 셀로판과 같이 얇은 필름의 양면에 접착제를 칠한 것이나 발포 스틸렌 종이와 같이 약간 두껍고 탄성을 가진 시트의 양면에 접착제를 칠한 것이다. 롤로 감은 것은 박리 종이를 겹쳐 감아서 한쪽 면에 접착한 다음 박리 종이를 벗기고 다른 하나의 접촉면을 댄다. 얇은 양면 접착테이프는 사진을 앞면에 붙이거나 포스터를 벽에 붙일 때 편리하다.

또 두꺼운 양면 접착테이프는 벽에 액자를 고정하거나 옷걸이에 달린 쇠 장식을 고정할 때 편리하지만, 2액 고화형의 접착제에 비교하면 접착력이 약하므로 벽걸이의 경우 너무 무거운 것은 걸 수 없다. 따라서 각각의 설명서에 적혀 있는 무게 제한을 참고해야 한다.

11. 건전지

건전지 덕분에 우리의 일상생활은 무척 편리해졌지만, 한편으로 주변에서 건전지를 많이 사용하기 때문에 그 가치를 잊기 쉽다.

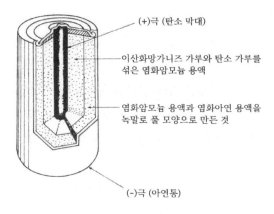

(+)극 (탄소 막대)

이산화망가니즈 가루와 탄소 가루를
섞은 염화암모늄 용액

염화암모늄 용액과 염화아연 용액을
녹말로 풀 모양으로 만든 것

(-)극 (아연통)

〈그림 3-6〉 건전지의 내부 구조

건전지도 최근 수년 동안 크게 발전되어 수명도 길고 액도
새지 않게 되었다. 또한 여러 가지 고성능 건전지가 개발되었
고 그 특징과 용도에 따라 각각 사용한다. 전압은 별로 높지
않으나 소형이고 수명이 긴 수은 전지는 카메라, 손목시계, 심
장의 페이스메이커 등의 전원으로 사용한다. 또 재충전과 반복
사용이 가능한 소형 전지는 무선 전화, 비디오카메라, 컴퓨터
등의 전원으로 사용한다. 그러나 예로부터 지금까지 널리 사용
하는 값싼 건전지는 망가니즈 건전지이다.

건전지는 전기의 작은 깡통이라 생각할 수 있고 전지 속의
화학 반응으로 전지에서 전류가 흘러나온다. 따라서 어떤 건전
지라도 원리는 화학 반응에 의해서 전기가 발생된다.

전류는 전선 속을 전자가 흐르는 것이다. 전자란 마이너스의
단위 전하를 가진 미립자(질량 9×10^{-28}g)이고 이것이 전지의 (-)
극에서 (+)극으로 흐른다. 마이너스 전하를 가진 입자가 (-)극
에서 (+)극으로 흐르는 것을 우리는 전류가 (+)극에서 (-)극으

로 흐른다고 표현한다.

　망가니즈 전지의 구조는 〈그림 3-6〉과 같이 금속 아연판의 통 속에 탄소 막대가 꽂혀 있고 그 사이에 이산화망가니즈 가루와 탄소 가루를 섞은 염화암모늄 용액, 염화아연과 염화암모늄 수용액을 풀 같은 상태로 만든 것이 채워져 있다.

　전지 전체는 액이 새는 것을 방지하기 위해 철로 된 케이스로 봉해졌다.

　아연판의 금속 아연에서 전자가 튀어나오면 아연은 아연 이온이 된다. 화학식으로 쓰면,

$$Zn \longrightarrow Zn^{2+} + 2e^-$$

　e가 전자의 기호이다. 전자는 전선을 따라서 (+)극으로 흐른다. 망가니즈 전지로 말하면 전지의 한가운데 배꼽 부분이다. 이 배꼽의 아래는 탄소 막대(전극)와 연결되었으므로 전자는 탄소 전극의 표면에서 그것을 둘러싼 이산화망가니즈로 옮겨간다.

$$2e^- + 2MnO_2 + 2H^+ \longrightarrow 2MnOOH \longrightarrow Mn_2O_3 + H_2O$$

　이같이 전자는 (-)극의 아연판에서 (+)극의 탄소 막대로 흘러간다.

　전지의 기전력은 전지의 (+)극과 (-)극에 사용하는 물질에 따라 결정된다. 망가니즈 전지의 경우 (+)극의 활성물질에 이산화망가니즈, (-)극에 아연이 사용되며 이때 기전력은 1.5V이다.

　전지에서 전기를 계속 끌어내면 아연판은 점점 가늘어지고 드디어 전기가 흐르지 않게 된다. 즉, 전지의 수명이다.

망가니즈 전지의 경우 거꾸로 외부에서 전기를 넣어서 앞에서 말한 전극 반응의 역반응을 일으킬 수는 없으므로, 한 번 쓴 전지는 버려야 한다.

또한, 망가니즈 전지는 전지의 수명을 향상시키기 위해 아연판에 극히 미량의 수은을 첨가했으므로 사용하고 난 전지는 회수해서 전문 업자에게 처리를 의뢰하는 것이 안전하다.

12. 배터리와 니켈카드뮴 전지

보통 사용하는 전지는 원통 모양의 망가니즈 전지, 알칼리 전지 또는 단추 모양의 알칼리 전지, 수은 전지, 리튬 전지이다. 일단 전기를 모두 쓰고 나면 버리는 도리밖에 없다. 여기에 반해 자동차의 배터리나 비디오의 니켈카드뮴 전지들은 전지를 쓰고 나면 다시 충전해서 사용할 수 있다. 한 번 쓰고 버리는 전지를 1차 전지, 반복 충전되는 전지를 2차 전지 또는 축전지라고 한다.

건전지의 항에서 말한 대로 1차 전지는 (-)극과 (+)극 사이에 전구나 라디오를 연결하면 (-)극에서 (+)극으로 전자가 전선을 따라 흐른다. 이 과정을 방전이라 부르고 이때 전등의 불이 켜지며 라디오의 소리가 난다.

전지의 수명이 다 되면 (-)극에서는 더 이상 전자가 흘러나오지 않으므로 전등은 꺼지고, 라디오는 소리가 안 들린다.

2차 전지는 이 단계에서 다른 직류 전원을 전지의 양쪽 극에 연결하여 2차 전지의 (+)극에서 전자를 끌어내어 (-)극에 밀어 넣는 일을 한다. 이 과정을 충전이라 부른다. 전지의 작은 깡통에서 전기를 꺼내 쓴 다음, 다시 빈 깡통에 전기를 채워 넣는

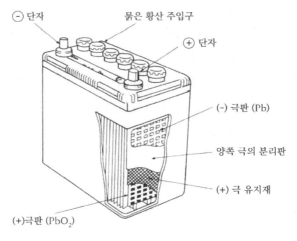

(-) 단자

묽은 황산 주입구

(+) 단자

(-) 극판 (Pb)

양쪽 극의 분리판

(+) 극 유지재

(+)극판 (PbO₂)

〈그림 3-7〉 납 축전지

것과 같다.

전극의 둘레에서는 방전 과정과 충전 과정에서 전혀 반대인 화학 반응이 일어난다.

예컨대 자동차에 잘 사용하는 납 축전지(배터리)에서는 (+)극, (-)극에 각각 납(Pb)과 산화납(PbO)을 사용하고, 이들은 전해액의 역할을 하는 묽은 황산 속에 담겨 있다.

방전 과정에서 (-)극에서는

$$Pb \longrightarrow Pb^{2+} + 2e^-$$

의 반응으로 전자가 나온다. 흘러나온 전류는 전지 밖에서 일을 한 다음 (+)극으로 흘러들어

$$PbO_2 + 2H_2SO_4 + Pb + 2e^- \longrightarrow 2PbSO_4 + 2H_2O$$

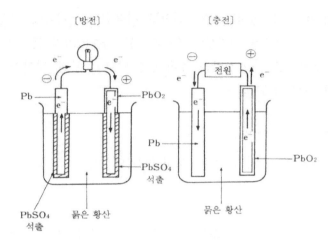

〈그림 3-8〉 납 축전지의 방전과 충전

의 반응으로 전자를 거둬들인다.

충전 과정에서는 (+)극에서 전자를 끌어내어

$$2PbSO_4 + 2H_2O \longrightarrow PbO_2 + H_2SO_4 + Pb + 2e^-$$

(-)극으로 돌려보낸다. (-)극에서는

$$Pb^{2+} + 2e^- \longrightarrow Pb$$

의 반응이 진행되어 전자는 납 전극으로서 저장된다. 이와 같이 2차 전지에서는 방전 과정과 충전 과정이 가역적으로 일어난다.

망가니즈 전지나 알칼리 전지를 2차 전지로 사용하지 않는 것은 충전 과정이 가역적으로 진행되지 않기 때문이다.

니켈카드뮴 전지도 2차 전지로 사용한다. (+)극에 니켈산화물(Ni^{3+}), (-)극에 철가루(Fe)와 카드뮴 가루(Cd)의 혼합물을 쓰고, 전해액으로 가성칼리 수용액에 넣고 밀봉한 것이다. 방전 과정에서는 (-)극에서

$$Cd \rightarrow Cd^{2+} + 2e^-$$

의 반응으로 전자가 흘러나오고 (+)극에서는

$$Ni^{3+} + e^- \rightarrow Ni^{2+}$$

의 반응으로 전자가 흘러들어간다. 충전 과정에서는 완전히 역반응을 진행한다.

납 축전지의 기전력은 약 2.05V인 데 반해, 니켈카드뮴 전지는 1.2V로 적고 니켈이 비싸기 때문에 경제적으로 불리하지만 단단해서 보수가 쉬우므로 용도는 점점 다양해지고 있다.

13. 단추 전지

손목시계, 카메라, 심장 페이스메이커(가슴 속에 파묻는 작은 기구로 심장에 일정 간격으로 전기 신호를 보내 심장을 움직이게 하는 것) 등에서는 소형이면서 수명이 긴 전지가 필요했다. 이러한 용도로는 종래의 망가니즈 전지를 모양이 크고 수명도 짧기 때문에 도무지 쓸 수 없었다. 다시 말하면 단추 전지와 같이 소형이고 수명이 긴 전지가 개발되었기 때문에 석영의 손목시계가 보급되고, 전자동 카메라가 각광받고, 페이스메이커에 생명을 맡길 수 있게 되었다.

단추 전지란 단추 크기의 간결한 전지로 초기에는 수은 전지

나 알칼리 전지였다. 그중에서 수은 전지는 수은을 포함하므로 쓰고 난 다음 뒤처리가 번거롭다. 그 후에 리튬 전지가 개발되었는데 소형이고 수명이 길기 때문에 그 용도는 시계, 전자계산기, 심장 페이스메이커 등 휴대용 전자 기기의 전원뿐만 아니라 컴퓨터의 메모리 백업용 전원이나, 취미 영역에서는 밤낚시의 낚시찌의 전원 등 우리 주변에서 널리 사용하게 되었다.

알칼리 전지는 이산화망가니즈와 아연을 전극의 재료로 사용하기 때문에 원리는 망가니즈 전지와 흡사하나, 전해질로 진한 수산화소듐 용액을 사용하는 점이 다르다. 진한 수산화소듐 용액은 극물이고 피부에 닿으면 짓무른다. 전지 본체는 금속 케이스 속에 완전히 밀봉하였으므로 취급하는 데 걱정은 없으나, 아이들의 손이 닿지 않는 곳에 보관해야 한다.

수은 전지도 알칼리 전지의 일종으로 생각할 수 있고 전극 재료는 산화수은과 금속 아연이, 전해액에는 진한 수산화소듐 수용액이 사용된다. 소형이나 비교적 많은 전기량을 끌어낼 수 있고 기전력도 일정하다. 다만 수은을 포함하므로 쓰고 난 전지의 뒤처리가 번거롭다.

리튬 전지는 단추 전지 중에서 가장 성능이 높은 전지라 할 수 있다. 전지 1개의 기전력은 3V이고 단추 전지 중에서 가장 크다.

또 소형 중에서는 이용할 수 있는 전기량이 가장 많다. 전지의 성능을 비교하는 척도의 하나로 '에너지 밀도'가 있다. 이것은 전압(기전력)과 전지 1개가 이용할 수 있는 전기량의 곱이고, 종래의 망가니즈 전지와 비교할 때 리튬 전지는 5~10배의 에너지 밀도를 갖는다.

또한, 전지를 쓰지 않아도 보관 중에 자연히 방전하여 전지가 소모된다. 이것을 열화율이라고 부르는데 리튬 전지는 열화율도 일 년에 0.5% 정도로 매우 작으며 저장성도 우수하다. 리튬 전지는 전지 재료에 플루오린화흑연과 금속 리튬을 사용한다. 전극에서 일어나는 반응을 화학식으로 쓰면

$$(-)극 \ Li \rightarrow \ Li^+ + e^-$$

$$(+)극 \ (CF)_n + ne^- \rightarrow \ nC + nF^-$$

가 된다. 금속 리튬을 넣으면 활발하게 반응하므로 전해질은 물을 포함하지 않은 유기 용매(γ-부티로락톤)를 사용한다. 이 용매는 -40℃까지 얼지 않으므로 리튬 전지는 저온에서도 성능이 떨어지지 않는 장점이 있다.

주된 전기의 기전력은 다음과 같다.

망가니즈 전지 1.5V

수은 전지   1.35V

알칼리 전지   1.5V

리튬 전지   3V

Ⅱ. 부엌에서

1. 설탕과 감미료

설탕은 정확하게는 자당(蔗糖)이라고 부르고 사탕수수 외에 사탕수수나무(Beet), 사탕단풍나무(Maple)에서 나오는 즙으로 만든다. 화학 구조는 글루코오스(포도당) 1분자와 프룩토오스(과당) 1분자가 결합한 2당류의 일종이다.

흑설탕은 사탕수수를 짜낸 즙을 바짝 졸인 정제되지 않은 설탕이고 이것을 정제하면 백설탕이 된다. 더욱 순도를 높이면 결정 상태의 그래뉼러당이나 얼음사탕이 된다. 얼음사탕은 가장 순도가 높은 설탕이다.

설탕의 감미는 글루코오스의 약 2배, 프룩토오스(과당)와 거의 같다.

글루코오스(포도당)는 설탕만큼 달지 않으나, 녹말을 원료로 공장에서 대량 생산해서 비교적 값싼 감미료로 널리 사용한다.

또한 맥아를 써서 녹말을 분해하면 말토오스(맥아당)라고 부르는 당을 얻는다. 말토오스는 녹말의 구성단위인 글루코오스가 2개 결합한 이당류이고 분해하면 글루코오스가 된다.

말토오스는 설탕의 1/3 정도의 감미이고 감미료 외에 영양제로 사용한다. 엿이나 물엿은 녹말을 효소나 산으로 가수분해하여 말토오스나 글루코오스의 혼합물을 얻으며, 식혜도 녹말을 쌀누룩의 효소로 가수분해하여 얻은 말토오스나 글루코오스의 혼합물이다.

또한 파라티노스란 당은 화학적으로 설탕과 매우 흡사한 분자 구조의 화합물인데, 충치의 원인이 되는 세균이 번식하기

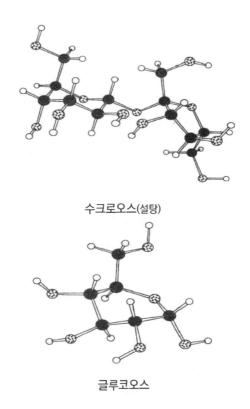

수크로오스(설탕)

글루코오스

어렵다는 특성이 있다. 따라서 파라티노스를 감미료로 사용한 과자류는 먹어도 충치가 잘 안 생긴다.

산의 분자 구조를 가진 것은 모두 시큼하다. 즉, 신맛의 원인은 수소 이온이나 단맛과 분자 구조 사이에 확실한 관계가 없다. 확실히 당류의 분자 구조를 가진 것은 정도의 차이는 있어도, 단맛은 있으나 전혀 관계없는 화학물질로 단맛을 가진 것도 많다.

식물 중에서 감차(甘茶)나 감초 등도 감미가 있고 이들의 식

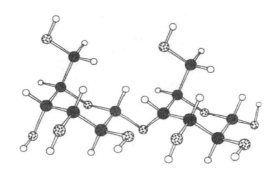

말토오스(맥아당)

물을 말려서 가루로 만든 것이나 물로 감미 성분을 추출한 진액은 식품의 감미료로 사용한다.

남미 파라과이에서 생산하는 스테비아라고 하는 국화과에 속하는 식물의 잎에는 스테비오사이드라고 하는 감미 성분이 포함되어 있고 설탕의 200배 감미를 갖는다. 그러므로 이 잎을 말린 가루나 잎의 추출물은 식품의 감미료로 사용한다.

이 밖에 순수한 화학 합성품으로 감미를 가진 것이 있다. 하나는 사카린인데 설탕의 500배 되는 감미를 갖는다. 사카린의 분자 구조는 다음과 같고 설탕의 분자 구조와는 전혀 다르다. 감미는 있으나 먹으면 그대로 오줌으로 배설되므로 당분의 섭취량을 제한받는 당뇨병 환자의 감미제로 사용한다. 또한 당분을 과다하게 섭취하여 체중 증가로 고민하는 사람에게는 저칼로리의 다이어트 식품의 감미제로도 사용한다.

또 하나의 합성 감미료는 아스파르템으로 이것은 아스파르트산과 페닐알라닌이라는 2개의 아미노산이 결합하여 생긴 것이다. 설탕의 200배 되는 감미를 갖고, 저칼로리 콜라의 감미료로 쓰인다.

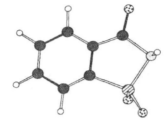

사카린

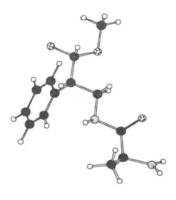

아스파르템

아스파르템의 결점은 열에 약하다는 것이다. 수용액을 계속 가열하면 점점 분해되어 단맛이 없어지므로 요리에는 사용하지 못한다.

이 밖에 최근에 건강 지향의 흐름에 따라 기능성 감미료라고 부르는 새로운 감미료가 등장했다.

기능성 감미료는 일반적으로 몸의 상태를 조절하거나, 질병의 예방이나 회복을 촉진하는 기능을 가진 감미료를 말하는데 대표적인 것이 올리고당이다.

우리 소화기 중에는 식물의 소화를 돕는 기능을 가진 비피두스균이 생육하고 있는데, 올리고당은 비피두스균의 증식 작용을 돕는다.

올리고당이란 앞에서도 말했듯이 녹말을 가수분해하여 글루코오스로 변화시키는 과정의 중간 생성물이고 각종 드링크제의 감미료로 널리 사용한다.

2. 화학조미료

이케다 기쿠나에(池田菊苗)는 1800년대 후반부터 1920년 후반까지 일본을 대표한 화학자이다. 그는 1889년 도쿄제국대학을 졸업한 다음, 1901년에서 1923년까지 도쿄제국대학의 화학과 교수로 활약했다.

그의 연구 분야는 물리화학이었으나 1907년부터 관심을 응용화학으로 옮겼다. 그때 연구 대상으로 삼은 것이 일본의 독특한 음식인 다시마의 맛 성분 연구였다. 그가 물리화학의 지식을 토대로 이 맛의 성분이 글루탐산소듐인 것을 발견하여 1908년에 제조 특허를 얻었다.

글루탐산은 천연 아미노산의 일종이고 그 소듐염이 글루탐산소듐이다.

이케다가 얻은 제조 특허는 스즈키(鈴木) 제약소(훗날의 스즈키상점)가 공업화를 인수받아 '아지노모토'의 이름으로 팔기 시작하였다.

그러나 판매 초기에는 전혀 팔리지 않아서 어느 궤도에 오를 때까지 약 10년이란 세월이 걸렸다. 1920년 중반부터 순조롭게 팔려 해외에도 수출할 수 있게 되었다.

처음에는 콩 단백질의 가수분해로 만들었는데 1950년 후반

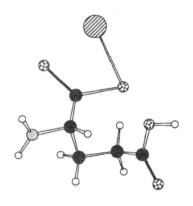

글루탐산소듐

에는 발효법에 의해 대량 생산하는 기술이 확립되어 지금은 대부분 발효법으로 생산한다.

그런데 이야기는 약간 다르겠지만 음식의 맛에는 단맛, 짠맛, 신맛, 매운맛, 쓴맛의 5가지가 있으며 이들로는 표현이 안 되는 6번째 맛, '맛좋은 맛'이 있다. 일본에서나 서양에서나 요리의 기본은 우선 국물을 만드는 것이다. 일본 요리에서는 다시마나 가다랑어포(가쓰오부시: 가다랑어를 쪄서 여러 날에 걸쳐 말린 것)를 뜨거운 물에 끓여서 국물을 만든다.

국물이나 스프의 '맛좋은 맛'의 정체는 화학의 발전으로 점점 분명해졌다.

앞에서도 말했듯이 다시마의 좋은 맛의 정체가 글루탐산소듐인 것을 알았을 뿐 아니라 그 후에 가다랑어포의 감칠맛은 이노신산, 조개의 산뜻한 맛은 숙신산(호박산), 닭 뼈(닭 스프의 원료)의 구수한 맛은 이노신산과 글루탐산이 복합된 것임을 알았다.

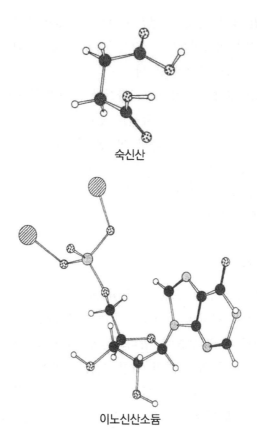

숙신산

이노신산소듐

그래서 글루탐산(아지노모토) 이외의 '맛좋은 맛'의 성분도 '아지노모토'와 같이 손쉽게 조미료로 이용하려고 생각하였다. 이렇게 생각하여 상품화한 것이 바로 화학조미료다.

'아지노모토'에 이어서 상품화된 것이 이노신산이다. 이노신산도 발효법으로 값싸게 생산할 수 있게 되었고(이노 이치방), 가다랑어포(가쓰오부시)의 맛좋은 맛을 식탁에 올리게 되었다.

또한 좋은 맛의 성분은 단독으로 사용하는 것보다 2가지 이

상 사용하면 맛의 상승 작용으로 더욱 맛있게 느껴진다. 그래
서 글루탐산에 이노신산이나 같은 계통의 구아닌산 등을 혼합
한 복합 조미료도 상품화되었다.

또 화학조미료에 가다랑어포, 다시마, 송이버섯 등 천연 원료
의 농축액을 섞은 풍미 조미료들도 있다.

화학조미료는 식품 첨가물의 한 종류로 취급되었으나, 안정
성이 높으므로 사용 규정은 따로 정해지지 않았다. 그러나 한
번에 많은 양을 섭취하면 신체의 이상을 일으키는 경우도 있으
므로 주의해야 한다.

3. 합성 착색료

우메보시(매실장아찌), 붉은 밥의 붉은색, 그린피스의 푸른색, 유
채꽃의 노란색은 각각의 계절을 느끼게 하고 눈에 정감을 준다.

그러나 매일의 식생활이 합리화됨에 따라 간단한 조리법이
환영받고, 또 식품의 색깔이 가공 식품의 가치를 좌우하는 큰
요소이기 때문에 여러 가지 착색료를 식품에 첨가하게 되었다.

착색료를 크게 나누면 천연 착색료와 합성 착색료로 나눌 수
있다.

요즘에는 소비자의 천연 제품 선호로 가공 식품에서도 천연
착색료를 많이 사용하지만 착색의 안정도나 색의 선명도 때문
에 여전히 많은 양의 합성 착색료를 사용한다.

천연 착색료는 식물, 동물의 여러 가지 색소를 그대로, 또는
분별 추출한 것을 사용하는데, 거의 100종의 천연 착색료가 식
품의 첨가물 목록에 수록되었다. 그 대표적인 것을 몇 가지 열
거하면 붉은색에는 붉은 양배추 색소, 비트 색소, 꼭두서니 색

색소명	구조식
(식용 붉은색 2호)	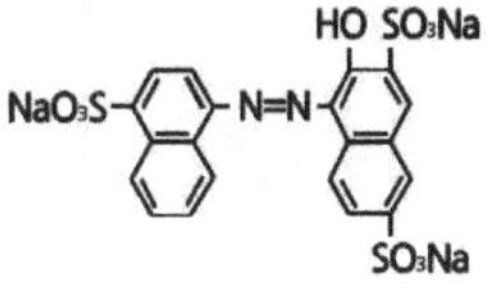
(식용 붉은색 3호)	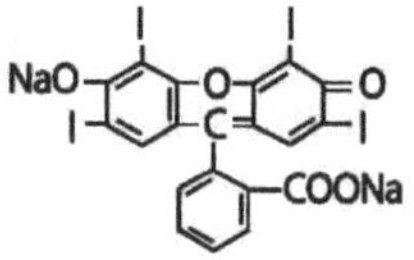
(식용 붉은색 40호)	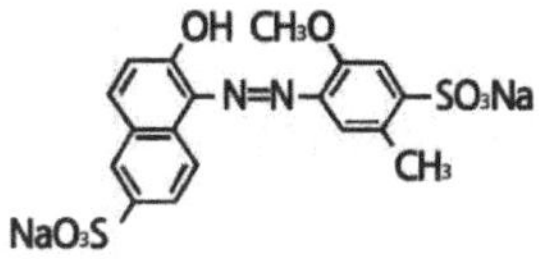
(식용 붉은색 102호)	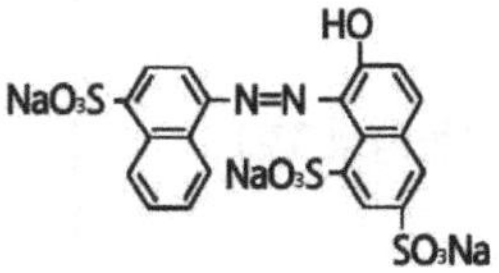
(식용 붉은색 104호)	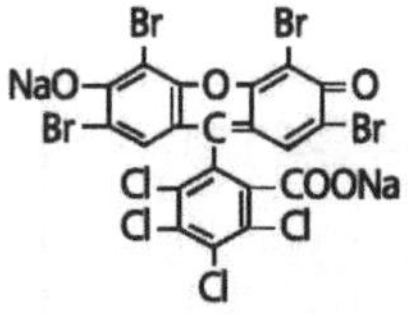
(식용 붉은색 105호)	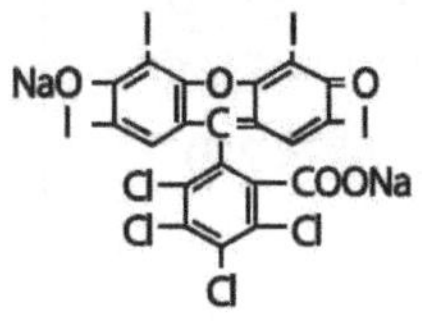

〈그림 3-9〉 합성 착색료와 그 구조식 ①

색소명	구조식
(식용 붉은색 106호)	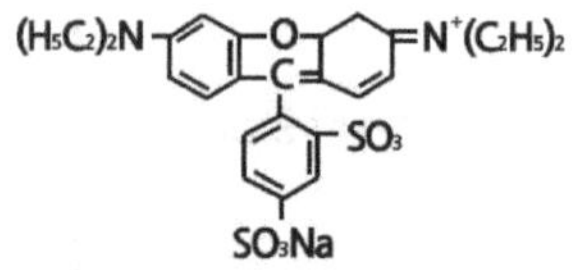 (H₅C₂)₂N ... O ... =N⁺(C₂H₅)₂ ... C ... SO₃ ... SO₃Na
(식용 노란색 4호)	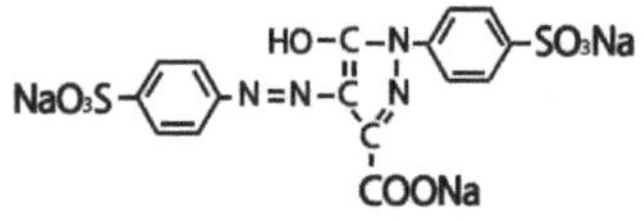 HO-C-N-N--SO₃Na, NaO₃S--N=N-C, COONa
(식용 노란색 5호)	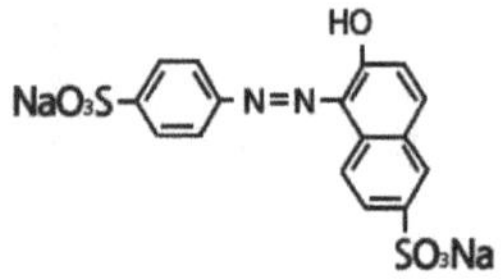 NaO₃S--N=N-- ... HO ... SO₃Na
(식용 녹색 3호)	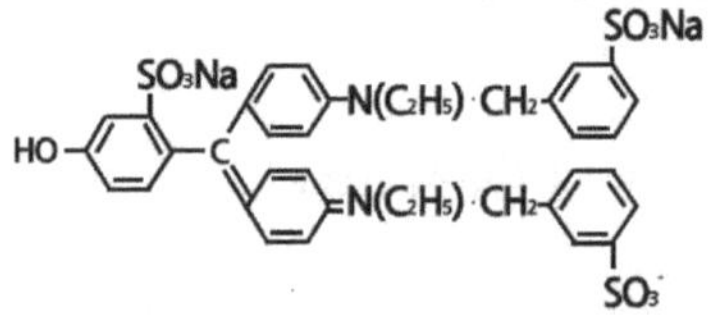 SO₃Na ... N(C₂H₅)·CH₂-- ... SO₃Na ... HO--C ... N(C₂H₅)·CH₂-- ... SO₃⁻
(식용 푸른색 1호)	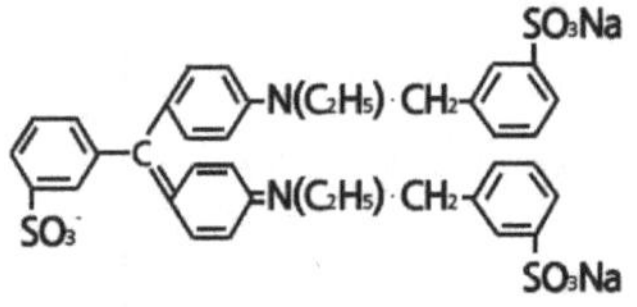 N(C₂H₅)·CH₂-- ... SO₃Na ... C ... N(C₂H₅)·CH₂-- ... SO₃⁻ ... SO₃Na
(식용 푸른색 2호)	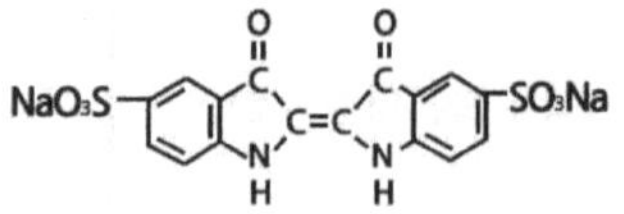 NaO₃S-- ... O ... O ... C=C ... N H ... N H ... --SO₃Na

〈그림 3-9〉 합성 착색료와 그 구조식 ②

소, 노란색에는 울금 색소, 치자 노란색 색소, 녹색에는 클로로필(엽록소)이 있다.

합성 착색료는 보건사회부 장관이 식품 첨가물로 지정한 색소만 식품의 착색료로 쓰도록 되어 있다. 색이 선명한 주스류도 합성 착색료를 넣은 것이 많으며 이들은 반드시 '합성 착색료 사용'이라고 라벨에 명확히 기록되어 있다.

현재 식품 첨가물로 허가된 합성 착색료는 〈그림 3-9〉와 같으며 붉은 색소 7가지, 노란색 색소 2가지, 녹색 색소 1가지, 푸른색 색소 2가지로 합계 12가지다.

같은 붉은색이라도 색에 약간의 차이가 있고, 착색의 안전성에도 차이가 있으므로 용도에 따라 이들의 착색료를 단독, 또는 2가지 이상 조합하여 사용한다.

4. 랩

랩의 보급으로 주방에서의 식품 보존이 무척 편리해졌다.

랩이란 사란 랩(Saran Wrap)이나 그레이 랩(Gray Wrap)과 같은 식품 포장용의 투명한 필름을 말한다. 특징은 ① 매우 얇은 필름이지만 산소나 수분을 통과시키지 않는다 ② 필름끼리 또는 식기에 대한 밀착성이 우수하다 ③ 무미 무취이며 위생상 해가 없다 ④ 적당한 탄력성이 있고 자르고 싶은 곳에서 쉽게 잘라진다 ⑤ 냉장고 속의 저온에서도 유연성이 있고 전자레인지의 고온에서도 견딘다. 이와 같이 랩은 식품 포장용 필름으로 이상적인 성질을 갖고 있다.

이 랩의 정체는 폴리염화비닐리덴이라 불리는 고분자 화합물이고, 화학 구조식은 다음과 같이 화학적으로 비닐의 통칭으로

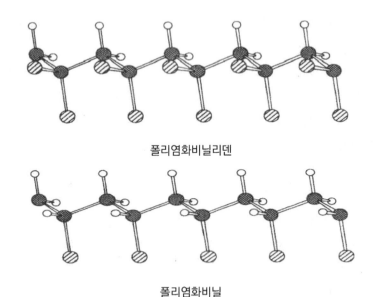

폴리염화비닐리덴

폴리염화비닐

불리는 폴리염화비닐과 매우 흡사하다.

즉, 염화비닐보다 탄소에 붙은 염소가 1개 많을 뿐이다. 다만 이것으로는 투명하고 얇은 필름으로 만들 수 없으므로 가소제를 혼합하여 충분히 반죽해서 필름으로 만든다. 또 가열했을 때 필름의 특성을 잃지 않도록 열 안정제 등을 배합한다. 이들 가소제나 열 안정제 등의 첨가물도 위생상 해가 없고 맛이나 냄새도 없어야 한다. 이 부분에 각각의 메이커의 연구 개발 비결이 있다.

원래 이 폴리염화비닐리덴이라는 고분자 화합물은 불에 안타고 기밀성이 우수하므로 2차 세계대전 중, 말라리아모기를 막는 모기장, 병사의 다리를 무좀으로부터 보호하기 위한 방수 구두 바닥, 대포, 기관총 등의 병기를 녹슬지 않게 하기 위한

〈표 3-2〉 소재별 랩의 특성 비교

특징		단위	폴리염화 비닐	폴리 에틸렌	폴리염화 비닐리덴
산소 투과도		ml/m^2일atm*	10,000	13,000	50
투습도		g/m^2일**	290	20	12
밀착성		$gcm/25cm^2$***	17	10	21
인열 저항	세로	g	20	25	4
	가로	g	30	90	3
내랭 온도		℃	-60	-60	-60
내열 온도		℃	130	100~110	140

포장용 필름 등 군사적 용도가 많았다. 그러나 전쟁이 끝난 후 민간용으로 식품 포장용 필름에서 그 활로를 찾아낸 다음 많은 개량을 거쳐 오늘의 랩이 됐다.

식품 포장용의 고분자 박막(薄膜) 필름으로는 이 밖에 폴리염화비닐이나 폴리에틸렌 등이 있으나 〈표 3-2〉에 여러 성능을 비교한 것과 같이 폴리염화비닐리덴보다 우수한 것은 없다.

특히 산소를 통과시키기 어렵다는 특징은 식품의 변질 방지에 중요하며, 이는 식품의 신선도 유지상 중요한 성질이다. 동시에 식품의 '향기'나 '냄새'도 빠지지 않도록 하는 특성도 가지고 있다.

5. 탈산제

우리가 사는 지구의 대기는 산소와 질소의 비가 1:3인 혼합물이다. 산소를 포함한 대기를 가진 태양계 행성은 지구뿐이고,

---

* 1기압의 산소가 $1m^2$ 넓이의 막을 1일간 통과하는 산소의 ml수
** $1m^2$ 넓이의 막을 1일간 투과하는 수증기의 g수
*** $25m^2$ 넓이의 달라붙은 2장의 막을 떼어뜨리는 데 필요한 에너지

산소가 있으므로 생물이 공기를 흡수해서 살아갈 수 있다. 이 와 같이 산소는 지구상의 생물에게 생명의 끈이지만 동시에 우 리가 살아가는 데 여러 가지 방해의 원인이 되기도 한다. 예로 쇠를 놔두면 점점 녹이 스는데 이것은 철이 산소와 결합하여 산화철이 되기 때문이다. 화재로 집이 타는 것도 목재가 산소 와 결합하기 때문이다. 그 증거로 타고 있는 성냥개비를 컵에 넣고 손바닥으로 입구를 막으면 꺼진다. 산소가 없어졌기 때문 이다. 이와 같이 산소와 반응하는 화학 반응을 산화 반응이라 부른다(제II부 11. 산소와 산화 참고).

식료품이 보존 중에 변질되거나, 기름이 절거나 하는 것도 산화 반응 때문이다. 또 곰팡이나 곤충도 산소 없이 살아갈 수 없기 때문에 식료품을 무산소 상태로 밀봉하면 벌레가 생기거 나 곰팡이가 생기는 일은 없다.

따라서 식료품의 변질을 방지하고 오랫동안 저장하려면 밀폐 용기에 산소를 차단해서 보존하는 것이 가장 간단하다. 깡통, 진공 주머니나 질소 가스 충전 포장 등도 이런 목적이지만, 산 소를 완전히 제거하지 못하거나 포장 보존 중에 바늘구멍으로 침입하는 산소에 대해서는 무력하다. 그러나 탈산제와 같이 밀 봉하면 산소의 제거는 완전하다. 다만 식료품과 같이 밀봉된 탈산제는

1. 만일 식품과 섞여도 인체에 해가 없을 것

2. 적당한 속도로 산소를 흡수할 것

3. 위험한 가스나 악취를 발생시키지 않을 것

4. 간결하면서 산소 흡수량이 클 것

등의 조건을 충족해야 한다. 이 밖에 성능, 품질의 안정, 가격 조건도 갖추어야 한다.

현재 이 조건을 충족시킨 것으로 철가루가 있다. 물론 2, 3의 조건을 맞추기 위해 특수한 방법으로 만든 철의 고운 가루를 사용하지만 본질적으로 철이 산소와 결합해서 산화철을 생성하는 반응을 이용한 것이다. 철가루는 실수로 먹어도 해는 없다. 물론, 식품은 아니므로 포장지에는 '먹을 수 없음'이라고 표시되어 있다. 과자 속에 들어 있는 '에이지레스(Ageless)' 등의 탈산제가 이것이다.

$$4Fe + 3O_2 \quad \rightarrow \quad 2Fe_2O_3$$

철가루   산소   산화철

(탈산제)

경우에 따라 탈산제와 같이 산소 검지용 정제가 들어 있다. 탈산제가 유효한 기간에 정제는 푸른색이지만 탈산제의 효력이 없어져서 산소가 나오면 분홍색으로 변한다.

탈산제는 식료품 보존뿐만 아니라, 곰팡이나 벌레로부터 보호하기 위해 의류의 보존용으로도 유용하다.

6. 스포츠 드링크

뜨거운 햇살 아래서 장시간 운동할 때 물의 보급은 대단히 중요하다. 옛날에는 학교 체육 시간에 '운동 중에는 절대로 물을 마시지 말라'고 들었으나 오늘날에는 고온에서 장시간 운동할 때 물의 공급이 필수 조건이라 한다. 마라톤에서는 약 4ℓ, 더울 때의 조깅은 2ℓ 정도의 수분이 땀으로 나온다. 폭염 속에서 발생하는 극도의 탈수는 열사병의 원인이며, 때로는 사망할 수도 있다. 안전을 위해서 알맞은 물의 공급이 필요하다.

다만 운동 중에 물을 많이 마시면 위 속에 머물러서 출렁거리므로 기분이 좋지 않다. 마시고 난 수분은 위에서 거의 흡수되지 않고 대부분 장에서 흡수된다. 또한 장의 수분 흡수가 빠르므로 수분이 체내에 흡수되는 속도는 얼마나 빨리 수분이 위에서 장으로 이동하느냐에 달렸다.

수분이 위에서 장으로 이동하는 속도는 물의 양, 온도, 삼투압 등에 의존한다. 한 번에 마시는 물의 양은 600㎖ 이하이고, 이 이상은 장으로 이동하는 데 많은 시간이 걸리며 위에 부담이 된다. 따라서 조금씩(200㎖ 정도) 여러 번에 걸쳐 마시는 것이 좋다. 또 물의 온도는 낮을수록 장으로의 이동이 빠르고 5℃ 전후의 수온이 가장 적당하다. 삼투압이 높을수록 위 속에서의 체류 시간이 길다. 당분이 많은 청량 음료수는 위가 거북해지는 원인이 된다.

그러므로 운동 중에 필요한 수분을 보다 원활하게 체내에 흡수하도록 고안된 음료가 스포츠 드링크라고 부르는 것이다. 즉 스포츠로 인해 잃은 수분을 속히 체내에 흡수시키는 동시에 운동으로 소비한 에너지의 공급과 땀과 같이 잃은 미네랄을 공급하는 것이 스포츠 드링크의 역할이다.

에너지의 보충을 위해서는 사탕, 과당, 포도당 등이 첨가된다. 또 미네랄의 공급으로는 소듐, 포타슘, 칼슘, 마그네슘 등의 양이온, 염화물 이온, 구연산 이온, 젖산 이온, 기타의 음이온을 첨가하고, 전체적으로 체액과 거의 같거나 약간 낮은 삼투압의 수용액으로 조제한다.

이런 스포츠 드링크는 일본에서만 브랜드 수가 약 30가지이고, 연간 2만 억 원 이상의 시장 점유율을 보이는 것도 스포츠로 피로해진 몸이 생리적으로 요구하는 음식이기 때문일지도 모른다.

7. 기능성 음료

건강에 불안함을 느끼는 소비자의 심리를 잘 이용한 건강 음료가 여러 가지로 팔리고 있다.

이들은 일반적으로 기능성 음료라고 부른다. 콜라, 주스, 커피와는 달리 건강에 좋은 기능을 의도적으로 첨가한 음료이다.

최근 수년간 식생활의 변화로 영양의 편재, 과도한 스트레스, 사회의 고령화 등에 따라 매년 급격히 증가하는 성인병이나 그 밖의 질병을 감소시키려는 것이 '기능성 음료'의 최대 목적이다.

어느 기능성 음료 1병(100㎖)에는 5g의 식품섬유가 포함되어 있다. 식품섬유란, 식물에 포함된 셀룰로오스나 펙틴 등 소화가 안 되고 인간의 소화기를 그냥 지나서 배설되는 것을 말한다.

이 중에서 물에 안 녹는 식품섬유는 셀룰로오스, 헤미셀룰로오스, 리그닌, 불용성 펙틴 등을 들 수 있다. 또한 물에 녹는 식품섬유는 펙틴, 만난, 알긴산 등이 있다.

이들의 식품섬유를 포함한 식품은 야채(셀룰로오스), 밀기울(헤미셀룰로오스), 무말랭이(리그닌), 우엉(불용성 펙틴), 과일(펙틴), 곤약(만난), 해조(알긴산) 등이다.

불용성 식품섬유는 소화기 속에서 물을 흡수해 대변을 부드럽게 하여 변비를 방지하는 효과가 있다. 또 식품의 소화를 돕는 비피두스균의 증식을 돕는 기능이 있다.

수용성 식품섬유는 소화기 중에서 물에 녹아 콜로이드 상태가 되므로 포만감을 준다. 또한 콜레스테롤의 흡수를 방지하며 당분의 흡수를 늦추는 작용이 있다. 그러므로 비만이나 동맥경화, 대장암의 예방도 기대할 수 있다.

식품섬유는 앞에서 말한 밀기울, 야채, 콩류, 감자류, 해초 등에 많이 포함되어 있고 야채를 충분히 먹으면 식품섬유 음료를 마실 필요가 없으나 바쁜 현대인은 잘 챙겨 먹기 어렵다.

앞에서 말한 어떤 식품섬유 음료 1병에 포함된 식품섬유의 양은 야채의 양으로 환산하면 양상추 1개, 혹은 양배추 반 개나 오이 9개에 해당한다.

곤란한 점은 광고를 너무 믿고 변비를 해소하려고 하루에 어느 식품섬유 음료를 4~5병을 마시는 사람이 생겼다는 거다. 식품섬유 음료만 마시고 야채를 먹지 않는 사람도 생겼다.

어느 식품섬유 음료도 현대인에게 부족하기 쉬운 비타민류나 미네랄을 균형 있게 포함하지 않으므로 여기에만 의존하면 영양의 불균형을 초래하게 된다.

식품섬유가 좋다고 그것만 마신다면 영양실조가 된다. 중요한 것은 식사 내용의 균형을 생각해 식품섬유를 많이 포함한 식사를 하도록 해야 한다는 점이다.

올리고당도 기능성 식품의 한 가지이고 앞에서 말했듯이 글루코오스가 몇 개에서 몇십 개 결합한 당류이며 소화 흡수는 안 되나 식품의 소화를 돕는 장내의 비피두스균의 증식 작용이 있다. 「올리고 CC」나 「올리고 당산락」 등은 올리고당을 포함하는 기능성 음료이다.

「철골(鐵骨) 음료」는 혈액의 중요한 성분 원소인 철분이나 뼈의 주원료인 칼슘을 많이 포함하는(1병 120㎖ 속에 철 1㎎, 칼슘 120㎎) 청량 음료수이다.

이들 기능성 음료는 정상적인 식생활을 하면서 보조적인 기능을 가진 기호품으로 자리를 굳히게 되었다.

8. 바퀴벌레 퇴치

방을 밀폐하고 증발성 살충제로 바퀴벌레, 작은 진드기 등의 해충을 모조리 잡는 방법은 완전한 구제 방법이기는 하나 손이 많이 간다. 다소 불완전해도 좀 더 손쉬운 바퀴벌레 퇴치 방법으로 생각해낸 것이 '컴배트'나 '로취베이트' 등의 바퀴벌레 포획기다.

바퀴벌레용 살충제의 역사를 살펴보자. 세계 대전 이전에 사용한 것은 천연 제충국(除虫菊)의 유효 성분인 피레드로이드를 포함한 스프레이제였다. 그러나 세계 대전 후, 미국에서 소개한 염소계의 살충제인 DDT나 BHC, 렐도린 등은 지속성이 있는 살충제로서 제충국과 대치되었다.

그 후에 유기인계의 살충제로서 DDVP나 마라손, 스미티온 등이 뒤를 이어 도입되었다. 이들 살충제는 염소계 살충제와 비교하여 효과가 빠르므로 뿌리면 모두 죽어 버린다고 하여 크게 인기가 있었으나 효과가 오래 지속되는 점(잔효성)에서는 염소계 살충제가 더 낫다.

그런데 효과가 오래 지속된다는 것은 이 살충제가 언제까지나 분해되지 않고 남는다는 것이고 염소계 살충제가 널리 잔류하기 때문에 생태계에 나쁜 영향을 미친다. 그 때문에 1971년

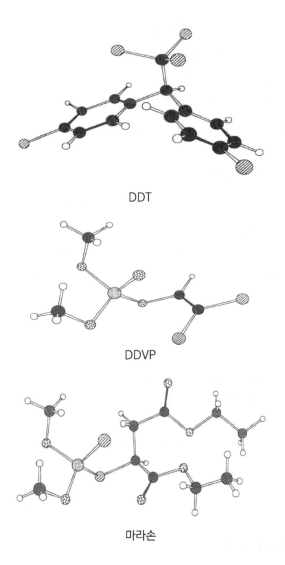

DDT

DDVP

마라손

에 잔류성이 있는 염소계 살충제는 보건사회부로부터 제조 판매 중지가 되었다.

가정용 살충제로 갖추어야 하는 조건은 쓰고 난 살충제가 환

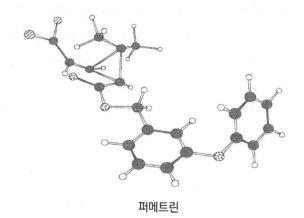

퍼메트린

경을 오염시키지 않고 사람이나 가축에게 해를 끼치지 않아야 한다는 것이다.

앞서 가정용 살충제 부분에서 말한 합성 피레드로이드계 살충제는 그런 요구를 충족시키는 것으로 개발되었다.

제충국의 유효 성분인 피레트린을 개량하여 화학적으로 합성된 퍼메트린이 그 대표적인 것이다.

즉, 살충 효력이 강하고 안전성도 좋아서 가정용 살충제로 가장 적합하다. 바퀴벌레 외에도 파리, 모기, 빈대, 진드기뿐 아니라 물건 그늘에 숨어 있는 바퀴벌레가 이 가스에 약간 스치기만 해도 밖으로 나와서 보이는 곳에서 죽는다.

이런 살충제와는 전혀 다른 방법으로 바퀴벌레를 퇴치하는 것이 바퀴벌레 포획기이다.

예컨대 플라스틱 용기에 바퀴벌레가 좋아하는 모이를 넣고 바퀴벌레를 유인하여 잡는 것을 고안하였으나, 잡은 다음 살아 있는 바퀴벌레의 뒤처리가 가정주부에게는 큰일이다.

그래서 끈끈이로 매미나 잠자리를 잡는 것에서 힌트를 얻어 개발된 것이 「바퀴벌레 오라오라」로 대표되는 바퀴벌레 포획기이다. 이것은 조립식의 두터운 종이로 만든 작은 상자이다. 바퀴벌레가 들어가기 쉬운 모양을 한 작은 오두막집이라고 말할 수 있다.

이 오두막의 바닥에 튜브에 들어 있는 접착제를 갈지자형으로 칠해서 바퀴벌레가 다니는 어두운 곳에 둔다.

이 포획기의 비밀은 이 오두막의 구조와 접착제이다.

오두막 상자의 구조는 바퀴벌레가 들어가기 쉬운 구조로 되어 있다. 바퀴벌레는 긴 더듬이가 있어 평평한 입구에 들어가자마자 더듬이가 접착제에 스쳐서 U턴한다.

따라서 이 작은 오두막 상자의 입구는 언덕길을 만들어 놓고, 언덕길을 다 올라간 순간 뚝 떨어져서 접착제에 붙잡히는 장치로 되어 있다.

또 접착제는 바퀴벌레가 좋아하는 유인 물질이 섞여 있어서 이 냄새에 끌려 오두막 상자 속으로 들어온다. 접착제는 송진 등을 원료로 한 것인데 2~3개월은 접착력을 잃지 않는다. 또한 살충제는 없으므로 사람이나 가축에게 해롭지 않다. 바퀴벌레는 접착제에 붙잡힌 채로 굶어 죽음으로 포획기 자체는 일회용 타입이다.

이 포획기에 사용되는 접착제의 점도는 온대 지방의 평균 기온에서 최적의 점도가 되도록 만들어졌기 때문에 열대 지역이나 극한 지역에서는 제 기능을 잃을 염려가 있다.

Ⅲ. 욕실, 화장실에서

1. 비누와 그 세정 작용

기름으로 더러워진 손은 물로 씻어도 기름이 물을 튀기기 때문에 쉽게 깨끗해지지 않는다. 그러나 비누를 칠해서 씻으면 기름이 빠진다. 비누의 세정 작용의 비밀은 어디에 있을까?

부엌의 튀김 기름의 폐유로 비누를 만들 수 있다는 것에서 알 수 있듯이, 비누의 원료는 쇠기름, 야자 기름, 콩기름, 올리브유 등 천연의 동물과 식물에서 얻는 유지이다. 이들 유지는 모두 화학적으로 고급 지방산과 글리세린이 결합된 것이다. 고급 지방산이란 팔미트산이나 스테아르산 등으로 대표되는 탄소와 수소가 결합하여 생긴 긴 사슬의 화합물이다(제Ⅱ부-23 참고).

스테아르산   탄소의 수 18개

팔미트산   탄소의 수 16개

비누의 제조 공정에서는 이 유지를 수산화소듐(가성소다) 수용액과 가열하면 글리세린에서 떨어진 고급 지방산이 수산화소듐과 결합하여 비누가 된다. 즉 비누는 고급 지방산의 소듐염이고, 콩을 세공한 모델은 다음 페이지의 그림과 같다.

이 비누 성분을 글리세린에서 분리하여 프레스로 눌러서 굳힌 것이 비누이다. 세숫비누는 이것에 향료를 첨가하여 센물에서 사용해도 비누 때가 안 생기도록 EDTA2소듐염을 극히 소량 첨가하였다.

반투명한 세숫비누도 있다. 이것을 만들 때 알코올을 섞으면 반투명한 비누가 된다. 또 세탁용 가루비누도 본질적으로는 세

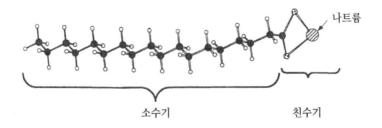

나트륨

소수기　　　　　　　　　　　친수기

숫비누와 같다. 프레스로 눌러 굳히는 대신에 가루로 만든 것
뿐이다.

비누의 특징은 비누가 물에 녹았을 때 비누 분자의 행동에
있다. 비누 분자 중 탄소와 수소가 결합하여 생긴 긴 사슬 부
분은 물에 친숙하지 않은 성질을 갖는다. 기름이 물을 튀기는
것도 기름 분자가 역시 지방산의 사슬 부분과 유사한 분자 구
조를 갖기 때문이다. 전문 용어는 소수기(疎水基)라고 한다.

한편, 지방산 말단의 소듐염 부분은 물에 친숙하다. 마치 소
금이 물에 잘 녹는 것과 유사하다. 전문 용어로는 친수기(親水
基)라고 한다. 다시 말해 비누 분자는 소수기와 친수기 양쪽을
모두 갖고 있다.

비누가 물에 녹으면 수용액 중에서 비누의 소수기는 물과 작
용이 나쁘기 때문에 되도록 물과의 접촉 면적이 작아지도록 비
누 분자가 모여든다. 한편, 친수기는 물과 친숙함으로 물 쪽으
로 접촉하기 쉬운 배열을 한다. 그래서 〈그림 3-10〉과 같이
소수기가 안쪽으로, 친수기가 바깥쪽으로 배열하여 1개의 집합
체를 만든다.

이와 같은 분자의 집합체는 비누 분자끼리 서로 화학적으로
결합한 것이 아니고 물에 녹았을 때 이와 같이 모이는 것이 가

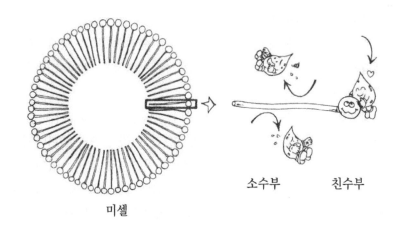

소수부   친수부

미셀

〈그림 3-10〉 물에 녹았을 때 비누 분자는 미셀이라는 집합체가 된다

장 무리가 없는 상태라는 데 지나지 않는다. 전문 용어로 이와 같은 느슨한 분자 집합체를 미셀이라 부른다.

비누가 물에 녹으면 미셀이 무수히 생기게 된다. 물론 미셀은 눈에 보일 만큼 크지 않으므로 비누 수용액은 약간 혼탁한 상태로 보일 뿐이다.

비누의 세정 작용의 비밀은 이 미셀에 있다. 미셀의 중심은 소수성의 집합체이다. 즉 물에 친숙하기 어려운 반면, 기름과는 서로 작용하는 성질이 있다. 따라서 물로 간단히 씻을 수 없는 기름때도 미셀 속에서는 쉽게 흡착된다. 한편, 미셀 자체의 표면은 친수성이므로 물로 쉽게 씻어낼 수가 있다.

우리 주변의 더러운 것은 유성이 많으므로 피부의 표면, 섬유의 표면에 달라붙은 때는 이와 같이 비누로 세척할 수 있다.

다만 비누에도 약점이 있다. 세정에 사용되는 물이 센물일 때는 물속의 칼슘이나 마그네슘이 비누의 지방산과 결합해서 치즈와 같은 비누 때가 된다.

비누는 계속 물에 녹지만 녹은 비누 분자는 모두 칼슘, 마그네슘과 결합해서 비누 때가 되므로 비누 거품도 일어나지 않고 비누의 세정력도 잃는다.

오늘날, 가정에서 쓰는 세숫비누는 이런 일이 일어나지 않도록 EDTA2소듐염을 첨가한 것이 많다. 이것은 에틸렌디아민테트라아세트산이라 부르는 아미노산의 일종으로 칼슘, 마그네슘과 강하게 결합하는 성질을 가지고 있다. 그 때문에 센물에서 비누를 써도 칼슘, 마그네슘에 의한 지장은 생기지 않는다.

2. 세탁과 합성 세제

현재 우리가 입고 있는 의류는 대부분 2가지 이상의 서로 다른 성질을 가진 섬유를 조합하여 만들어졌고, 옷을 입을 때의 느낌이나 살에 닿는 감촉이 좋도록 각종 물리적, 화학적인 마무리가 되어 있다.

옛날에는 세탁이라 하면 비누를 사용한 손빨래였으나, 지금은 세탁기로 세탁하는 것이 당연시되었다. 일본의 세탁기 보급률도 99.7% 이상이다.

세탁기의 보급에 따라서 고형 비누에서 가루나 액체비누로 세제가 변했다. 세제는 그 용도에 따라 주로 세탁기 빨래에 사용하는 '일반 의류용 세제'와 손빨래에 의한 '모, 견, 고급 의류용 세제'로 나눌 수 있다.

'일반 의류용 세제'는 매일 빨래하는 데 쓰는 세제로 속옷이나 와이셔츠, 속치마 등 주로 면이나 폴리에스테르 따위의 소재에 적합한 세제이다.

친수기   소수기

알킬벤젠술폰산소듐

'모, 견, 고급 의류용 세제'는 스웨터, 스카프, 고급 의류 등 섬세한 의류를 손빨래하기 위한 세제이다.

속옷이나 와이셔츠 등의 소재인 면, 폴리에스테르는 매우 튼튼한 소재이다. 한편, 이들 의류는 매일 사용하므로 때도 심한 것이 보통이다. 따라서 일반 의류용 세제는 강력한 세정력을 가질 필요가 있다.

주성분인 가루비누나 합성 세제 이외에 세정력을 강화하기 위해 제올라이트나 알칼리제를 가해 물에 녹였을 때 약염기성을 띤다. 일반적으로 염기성이 강할수록 세정력이 좋지만 동시에 섬유도 상하기 때문에 약염기성이 되도록 조절한다.

최근에는 효소를 첨가하여 더욱 때가 잘 빠지거나 의류가 더욱 하얘지도록 형광제를 첨가한 것이 많다.

한편 스웨터, 스카프, 고급 의류용 세제는 소재에 미치는 영향이 순한 중성 세제이다. 또 세탁법도 손빨래가 기본이다. 단순한 가루비누는 물에 녹으면 약염기성을 나타내므로 이때는 합성 세제가 세제의 주성분이 된다. 알킬벤젠술폰산소듐이나 라우릴황산소듐 등의 음이온 계면활성제는 그 대표적인 보기이

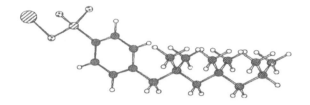

갈라진 가지가 있는 알킬벤젠술폰산소듐

다. 또, 액체 세제는 비이온성 계면활성제가 사용된다.

그러면 합성 세제의 세정 작용은 어떻게 나타날까? 우선, 합성 세제의 대표적 분자 구조를 조사해 보자. 세탁용 세제로 가장 널리 쓰이는 것에 알킬벤젠술폰산소듐이 있다.

그 분자 구조는 앞의 그림과 같이 탄소와 수소가 결합해서 생긴 긴 사슬이 육각형의 벤젠 고리에 붙어 있다. 이 부분이 비누의 긴 사슬 지방산의 소수기와 똑같은 역할을 한다. 한편 벤젠 고리에는 술폰산소듐염이 붙었고 이 부분은 물과 친숙한 친수기이다.

술폰산기와 같이 친수기가 (-)의 전하를 갖는 계면활성제를 음이온 계면활성제라 부른다. 고급 알코올의 황산에스테르도 똑같은 음이온 계면활성제이다. 이와 같은 계면활성제가 물에 녹으면 비누의 경우와 같이 미셀을 형성하고, 소수기 부분이 더러워진 곳을 둘러싸게 된다. 비누와 달리 센물의 성분인 칼슘, 마그네슘과 불용성 화합물(비누 때)은 만들기 어렵기 때문에 세탁용으로 쓰는 물에 신경 쓸 필요가 없다.

개발 초기의 알킬벤젠술폰산은 소수기의 사슬 부분에 위의 그림과 같이 가지가 갈라진 것이 사용되었다. 이것은 미생물에 의해 분해가 안 되므로 생활 배수가 강물에 흘러들어가면 거품

공해를 일으키게 된다. 그러나 1965년경부터 소수기의 사슬 부분이 가지가 없는 곧은 사슬형으로 개량되어 미생물에 의한 분해가 쉬워졌고 현재는 생활 배수로 인한 거품 공해가 보이지 않게 되었다. 이것을 연성 세제라고 한다.

합성 세제의 효과를 더욱 높이기 위해 세제의 조제(빌더)로서 트리폴리인산소듐이 배합되었다. 트리폴리인산소듐은 비료에 쓰는 인산이 3개 결합한 화합물이다. 빌더(Builder: 증강제)로서의 역할은 여러 가지가 있으나, 세탁에 쓰는 물속에 포함된 칼슘, 마그네슘을 포착하는 것이 주된 목적이다. 그러나 배수 중의 트리폴리인산은 자연 환경에서 최종적으로 인산이 되어 하천, 호수의 부영양화의 큰 원인이 되었다. 비와호(琵琶湖), 스와호(諏訪湖), 가스미가우라(霞蒲) 호수의 부영양화나 세토나이카이(瀬戸內海) 적조의 원인 물질의 하나가 되었으므로, 가정 세제의 무인화는 세계적인 요망이 되었다.

지금은 트리폴리인산 대신에 무공해 빌더로서 합성 제올라이트가 사용되고 있다. 화학적으로 화산재와 흡사한 성분으로 된 무공해 물질이다. 그와 같은 경위로 현재 슈퍼마켓에서 팔리는 세탁용 합성 세제는 연질이고 인 성분이 없는 알킬벤젠술폰산소듐에 제올라이트를 배합한 것이 대부분이다.

최근 가정용 합성 세제에 의한 환경오염이 문제가 되고 있는데, 이제 합성 세제와 가루비누의 장단점을 비교해 보자.

가루비누는 원료가 천연 유지이고 세탁 배수가 하천에 흘러 들어가도 자연히 분해되기 쉽다는 이점이 있다. 한편, 냉수에 녹기 어려우며, 센물의 영향을 받기 쉽다. 그다지 세기(硬度)가 높지 않은 수돗물로 세탁했을 경우 물이나 더러운 물속의 미량의 칼슘, 마그네슘과 결합하여 비누 때가 생기고 이것이 물에 안 녹아서 섬유에 붙는다. 따라서 가루비누로 세탁을 반복하면 의류에 비누 때가 축적되고 보존 중에 산화, 분해되어 노랗게 변하거나 이상한 냄새가 난다. 또, 비누 때가 달라붙어 약간 습하고 미끈미끈한 감이 있는, 탄력이 없는 독특한 감촉을 느끼게 된다.

한편 합성 세제는 찬물에도 잘 녹고, 물의 세기의 영향도 받지 않으므로 세탁에 쓰는 물에도 신경 쓸 필요가 없다. 개발 초기의 합성 세제는 미생물에 의해 분해되기 어려운 종류였으므로 하천에 흘러들어가 거품 공해를 일으켰으나, 현재 쓰고 있는 합성 세제는 자연 분해형이고 인 성분이 없기 때문에 환경 문제 걱정도 없다. 그 외에 세정력은 비누보다 훨씬 우수하며 비누 때가 붙을 걱정도 없다. 합성 세제에 의한 환경오염은 합성 세제를 필요 이상으로 사용하는 것이 큰 원인이다.

3. 화장품

언제나 아름답고 건강하기를 원하는 것은 인지상정이며, 예쁘게 꾸미고 건강을 유지하기 위해 화장품이 생겼다.

약사법에 의하면 '화장품이란 사람의 신체를 깨끗하게 하고, 미화하고, 매력을 증가시키고, 용모를 변화시키고 피부 또는 모발을 건전하게 유지하기 위해 신체에 바르거나 뿌리거나 기타의 방법으로 사용하는 것을 목적으로 인체에 대한 작용이 온화한 것'이라고 정의되어 있다. 옛날에는 예쁘게 장식하는 것이 여성뿐이라고 생각했으나, 지금은 남성도 멋있게 꾸미고 건강을 유지하기 위해 남성 전용 화장품도 제조되고 있다.

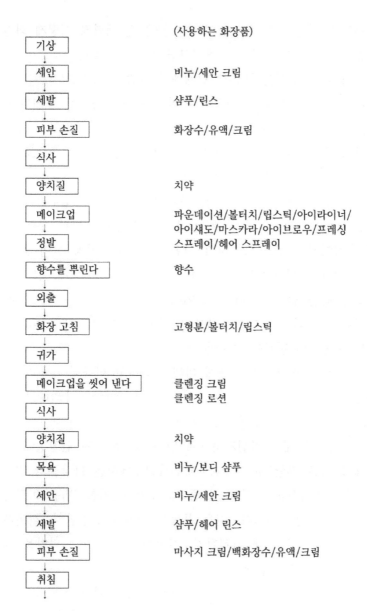

(사용하는 화장품)

기상	
세안	비누/세안 크림
세발	샴푸/린스
피부 손질	화장수/유액/크림
식사	
양치질	치약
메이크업	파운데이션/볼터치/립스틱/아이라이너/아이섀도/마스카라/아이브로우/프레싱
정발	스프레이/헤어 스프레이
향수를 뿌린다	향수
외출	
화장 고침	고형분/볼터치/립스틱
귀가	
메이크업을 씻어 낸다	클렌징 크림 클렌징 로션
식사	
양치질	치약
목욕	비누/보디 샴푸
세안	비누/세안 크림
세발	샴푸/헤어 린스
피부 손질	마사지 크림/백화장수/유액/크림
취침	

〈그림 3-11〉 일어나서 잘 때까지 여성이 사용하는 화장품

예컨대 여성이 아침에 일어나서 밤에 잘 때까지 어떻게 화장품을 사용하는지 조사해 보면 〈그림 3-11〉와 같다.

이와 같이 일상생활의 각 단계에서 각종 각색의 화장품을 사용하고 있으나 이들을 목적에 따라 나누면 2가지로 구별된다. 즉, 1가지는 몸이나 머리카락을 깨끗이 하고 바람직한 상태로 가꾸기 위한 것이고 또 1가지는 메이크업이나 헤어 세트로 보다 매력적으로 분장하려는 행위이다.

이와 같은 화장의 기본적인 행위 외에 자외선으로부터 살결을 보호하는 자외선 차단 제품, 체취를 방지하는 코롱 제품, 손이 거칠어지는 것을 방지하기 위한 핸드 케어 제품 등이 있다. 또 두발에는 퍼머넌트 웨이브용 약제, 모발의 염색제, 탈색제, 탈모제 등을 들 수 있다. 욕실에서 사용하는 것에는 배스솔트, 마프러스 등의 입욕제, 목욕을 마치고 사용하는 보디 파우더 등도 화장품의 범주에 넣어야 한다.

이제 주된 화장품의 정체에 대해 말하려고 한다.

현재 사용하는 화장품 원료의 종류는 향료를 제외하고 약 2,000가지 정도로 추정한다. 화장품은 직접 피부에 바르는 것이다. 게다가 매일 아침저녁으로 반복하기 때문에 안전성이 확실해야 함은 말할 것도 없다. 보건사회부에서는 화장품의 원료에 대한 안정성을 확인한 것 중 약 1,200가지를 '범용 화장품 원료집'으로 공표하였다. 이들 품목은 피부에 안전한지, 잘못해서 눈에 들어갔을 때 안전한지, 잘못해서 마시거나 먹었을 때 안전한지를 검토하였다.

과거에 화장품에 사용된 적이 없는 원료는 위의 항목의 검사에 급성, 만성의 독성 유무, 생식에 미치는 영향, 암원성, 호흡,

배설 등의 검사를 철저히 해야 한다.

따라서 이름이 잘 알려진 화장품이라면 특이체질의 사람은 예외지만, 화장품의 연속 사용으로 건강을 해치는 일은 일어나지 않는다.

4. 스킨케어 화장품

스킨케어 화장품이란 피부 상태를 갖추고 피부를 보호하기 위해 사용하는 화장품이다. 피부는 생기 있고 신선한 탄력이 있는 유아의 살결부터 청소년기를 거쳐 중년, 노년으로 해가 거듭됨에 따라 신선함을 잃고 주름이 많은 살결로 노화된다.

피부는 왜 노화하는가? 원래 생체는 외계로부터의 변화에 대해 생리적인 균형을 유지하여 정상적으로 살아가려는 성질을 갖고 있다. 전문 용어로 호메오스타시스(Homeostasis: 항상성 유지)라고 한다. 이 성질은 나이를 먹으면 기능을 제대로 발휘하지 못한다.

피부의 구조는 〈그림 3-12〉와 같이 표피와 진피로 되어 있다. 두께 0.07~0.18㎜의 표피는 피부의 보호층이며 쉴 새 없이 외부나 자외선에 노출되어 있다. 이 표피를 다시 자세히 조사하면 4층 구조로 되어 있다.

바깥쪽에서부터 각질층, 과립층, 유조(有棘)층, 기저층의 순서이다. 기저층에서 만들어진 피부 세포는 점점 형태가 변하면서 피부 표면으로 올라가, 가장 바깥쪽의 각질층이 되어 피부 보호의 제일선에 놓이게 된다. 약 2주 사이에 그 역할이 끝나고 때나 비듬으로 떨어진다. 정상적인 피부의 각질층은 10~30%의 수분이 포함되어 있다. 이 수분에 의해 피부는 유연성과 탄력

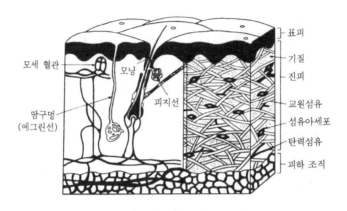

〈그림 3-12〉 피부의 구조

성을 유지한다.

그러나 노화나 외부 환경의 변화로 수분의 함량이 10% 이하가 되면 거친 피부가 된다. 소위 건성 상태가 되는 것이다. 각질층에 수분이 포함되는 것은 각질층에 약 30%를 점유한 자연보습인자(NMF)라는 성분이 포함되어 있고 이것이 수분을 흡수, 유지하기 때문이다. 피부의 노화로 피부가 싱싱한 모양을 잃고 거칠어지는 것은 각질층의 NMF가 해가 갈수록 줄어들기 때문이다.

NMF의 조성은 〈표 3-3〉에 나타낸 것과 같이 세린, 글리신, 알라닌 등 16가지의 아미노산, 피로리돈카르본산, 락트산(젖산)염, 요소, 기타 여러 가지로 된 복잡한 혼합물이다. 이 NMF를 각질층에서 잃어버리게 되면 수분 흡수 능력이 없어지고 피부가 거칠어진다.

또 피부의 보습에는 NMF와 동시에 진피 안의 피지선에서 분비되는 스쿠알렌, 트리글리세라이드 등의 지방분도 한몫하고 이것

〈표 3-3〉 자연보습인자(NMF)의 조성

물질명	함유량
아미노산류	40.0%
피로리돈카르본산	12.0%
락트산염	12.0%
요소	7.0%
암모니아, 요산 글루코사민, 크레아틴	1.5%
시트르산염	0.5%
무기염(염분 기타)	18.5%
당 기타 유기물	8.5%

에 의해 수분의 휘산을 방지한다. 또한 진피는 큰 교원섬유(膠原纖維)나 부드러운 탄력섬유와 섬유 사이에 충분히 포함된 수분으로 이루어졌다. 이들의 수분은 진피 안의 섬유아(纖維牙)세포가 만든 히알루론산이란 화합물과 결합하여 젤리 상태가 된 섬유 사이를 채우고 표피의 수분 공급원이 된다.

이와 같이 땀으로 분비된 수분과 피지선에서 분비된 피지(皮脂), 표피의 각질층에 포함된 NMF의 3가지가 잘 균형 잡혀 건강한 피부로 유지된다. 따라서 많은 스킨케어 화장품은 단순히 물리화학적인 유연성을 각질층에 부여할 뿐만 아니라 NMF의 성분이나 히알루론산 등을 외부에서 피부 표면을 거쳐 공급하므로 피부에 생기와 신선함을 준다.

화장수, 유액 또는 피부 거칠음 방지 크림 등은 모두 이 원리에 의한 스킨케어 화장품이고 유효 성분은 NMF나 히알루론산 등이다.

5. 자외선 차단과 선탠용 크림

태양의 빛은 지구상의 생물이 사는 데 꼭 필요한 생명줄이다. 태양 빛으로 지구가 더워지고 또 식물이 자라며, 그 식물을 먹고 동물이 살아간다.

태양으로부터 지구 표면으로 내리쬐는 빛은 그 파장이 짧은 것부터 자외선(190~400㎚: 1㎚는 10^{-9}m이다), 가시광선(400~780㎚), 자외선(780㎚ 이상)으로 나눠진다. 태양의 전체 복사 에너지의 내역을 보면 자외선 6%, 가시광선 52%, 적외선 42%가 된다.

겨울에 햇볕을 쬐면 기분이 좋지만, 바다나 산에서 햇볕을 오래 쬐면 많이 그을리거나 데어서 물집이 생긴다. 이것은 자외선 때문이다. 파장이 짧은 자외선이나 가시광선보다 생체에 미치는 영향이 크다. 같은 자외선도 파장이 짧을수록 생리 작용이 강해진다.

또한 생리 작용의 강약에 따라 자외선을 파장이 긴 것부터 A자외선(400~320㎚), B자외선(320~280㎚), C자외선(280~190㎚)으로 분리한다. 파장이 가장 짧은 C자외선이 생리 작용이 가장 강하고 살균력도 좋다. 다행히 지구를 둘러싼 위층 대기에는 오존층이 존재하며 이 오존층에 의해 C자외선이 흡수, 차단되므로 지구상의 생물은 안전하게 살 수 있다.

최근 문제가 되는 오존홀이란, 인간이 사용한 프레온 기체가 고도 25㎞ 전후의 성층권의 오존층을 파괴하여 생긴 것이다. 이것이 지상에 직접 내리쬐는 C자외선의 양을 증가시키고 피부암이나 유전자 결함을 일으킨다. A자외선과 B자외선은 생명에 위협을 미칠 정도의 강한 생리 작용을 갖고 있지 않다. 그래도

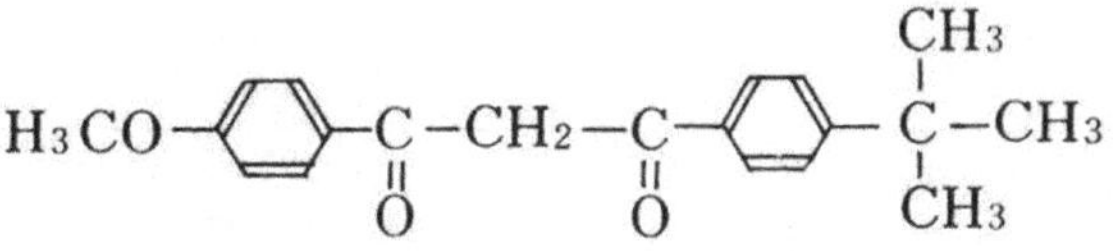

화합물 ① (4-tert-부틸-4′-메톡시디벤조닐메탄)

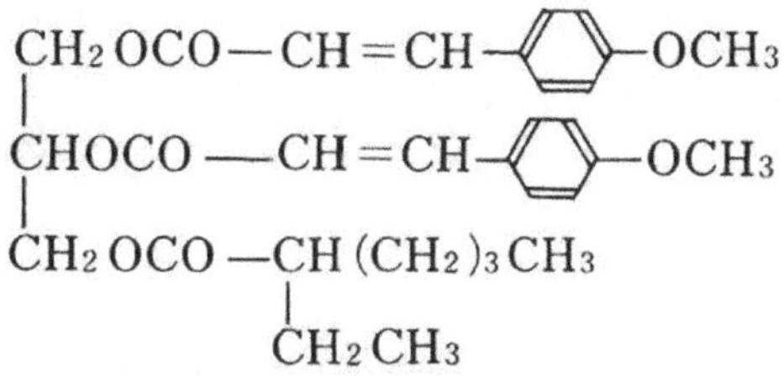

화합물 ② 글리세린의 파라메톡시신남산에스테르

〈그림 3-13〉 A, B자외선 흡수제의 보기의 그 구조식

파장이 짧은 B자외선은 피부가 달아오르거나 타서 물집이 생긴다. 이 현상을 선번(Sun Burn)이라 한다. 보다 긴 파장인 A자외선은 다만 피부색을 검게 그을릴(선탠) 뿐이다.

선탠이나 선번 현상을 일반적으로 '햇볕 그을림'이라 하는데, 이는 자외선이 닿으면 피부 세포 안의 멜라닌 색소가 검게 되고 이것으로 생체를 자외선에서 보호하기 위해 생체에서 갖추고 있는 방어 작용이다. 자외선에 의한 피해는 단기적인 것과 장기적인 것이 있다. 단기적인 것은 앞에서 말한 '햇볕 그을림'이고 자외선을 쬔 후 비교적 단시간 내에 일어난다. 한편, 장기적인 영향은 피부 표면의 수분을 빼앗아 피부를 건조시키고 주름이 많이 생겨 노화를 촉진한다.

볕에 그을리는 것에 대한 대책으로 사용하는 제제는 2가지가 있다. 하나는 선탠이나 선번을 방지하기 위한 자외선 차단제이

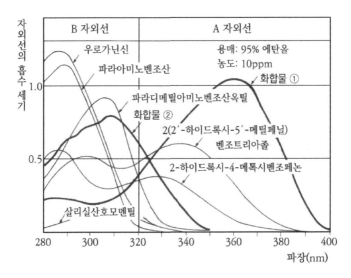

〈그림 3-14〉 자외선 흡수제의 흡수 스펙트럼

고, 보통 선스크린제라고 부른다. 다른 하나는 볕에 타서 물집이 생기거나 따가운 감촉을 느끼지 않고 보기 좋게 피부를 태우기 위한 것으로 선탠제라고 부른다.

선스크린제나 선탠제로 배합된 약품은 안전성이 높을 것, 사용감이 좋을 것, 사용하기 쉬울 것, 효과가 오래 지속될 것 등이 요구된다. 그리고 자외선을 차단하는 자외선 흡수제와 자외선을 반사, 산란시키는 산란제들로 처방되어 있다.

자외선 흡수제는 햇볕 그을림 방지의 선스크린제로 A와 B자외선을 흡수하는 약품과, 선탠제로 A자외선은 통과시켜도 B자외선은 통과시키지 않는 약품을 사용할 필요가 있다.

A자외선과 B자외선의 흡수제는 〈그림 3-13〉의 ①, ②와 같은 약품이 있다. ①은 A자외선 흡수제로 280~320㎚의 자외선을 흡수하고 ②는 320~380㎚의 자외선을 흡수한다.

화합물 ①, ② 외에 자외선 흡수제의 자외선 흡수 양상을 나타내면 〈그림 3-14〉와 같다.

6. 화장품

예쁘게 가꾸는 것은 인간의 본능으로 사람들은 화장으로 얼굴의 주름이나 주근깨, 잡티 등이 눈에 띄지 않게 깨끗하게 한다. 또 적당한 광택을 줘서 살결이 아주 젊고 건강하게 보이도록 한다. 이런 기초 메이크업 화장품과 더불어 부분적으로 색채를 강조하거나, 어두운 그림자를 만들어서 입체감 있게 하는 포인트 메이크업 화장품이 있다. 예로 립스틱, 볼터치, 아이섀도 등이다.

일본 에도(江戶) 시대부터 여성이 화장을 시작한 것으로 추정하며, 그때는 이세(伊勢) 백분(염화제일수은)과 교(京) 백분〔연백(鉛白) 또는 염기성 탄산납〕이 널리 보급되었다. 어느 것이든 수은이나 납을 주성분으로 한 해로운 것이며 지금엔 당치도 않은 화장품을 사용한 것이었다. 에도 시대에는 많은 기생이 납 중독으로 고생한 사실이 기록되어 있으며, 1901년에는 납 백분의 제조 판매가 금지되었다.

현재의 화장은 단순히 분을 얼굴에 바르는 것뿐만 아니라 여러 색상의 메이크업 화장품을 목적에 따라 구분하여 사용한다.

일본에서 화장품으로 사용할 수 있는 색의 재료는 대부분 보건사회부 고시에 입각해서 화장품 원료 기준에 기재되었고 각각에 대한 규격이 정해져 있다.

그중에서 무기 안료(안료란 물에 안 녹는 색소의 가루)의 주된 것은 〈표 3-4〉와 같다.

〈표 3-4〉 화장품 원료 기준에 정해진 무기 안료

착색 안료	산화철(붉은, 노랑, 검정), 군청, 산화크로뮴, 함수산화크로뮴, 카본블랙
백색 안료	산화타이타늄, 산화아연
체질 안료	탤크, 카오린, 운모, 탄산칼슘, 탄산마그네슘, 규산마그네슘, 이산화규소, 황산바륨
펄 안료	운모, 타이타늄, 옥시염화비스무트

　연백을 대신하는 무해한 화장분의 원료는 아연화(이산화아연)나 이산화타이타늄이다. 이들은 독성이 없으며, 피복력이나 부착력이 우수하여 살결이 결점을 보완한다. 또 탤크(활석)나 운모 가루와 같은 점토 광물은 착색 안료를 분산시켜 살결에 부착하면 매끄러운 감촉과 적당한 광택을 낸다. 이들 안료는 체질 안료라고 한다.

　그 밖에 화장품의 기능으로 피부의 지방이나 땀을 흡수하고 기름 광택을 지우며, 화장이 지워지는 것을 방지하기 위해 카오린(점토의 일종)이나 탄산칼슘 등도 배합한다.

　또 자연적인 살결 색을 연출하기 위해 흰색 안료에 붉은색, 노란색, 검은색의 안료를 적당히 배합한다. 붉은색에는 붉은색 산화철, 노란색에는 노란색 산화철, 검은색에는 검은색 산화철이 모두 해가 없으므로 잘 사용된다. 같은 산화철이지만 색이 다른 것은 주로 철과 산소의 결합비 차이 때문이다.

　이 밖에 화장의 요구에서 생긴 새로운 색의 재료도 여러 가지로 사용된다. 예컨대 진주광택을 가진 안료로 이산화탄소의 얇은 막을 씌운 운모 가루, 옥시염화비스무트 가루 등이 있다. 특히 이산화타이타늄은 그 자신이 우수한 흰색 안료인 동시에 자외선 방어 화장품에서도 중요한 기능을 가지므로 여러 가지

기술로 가루로 만든 이산화타이타늄이 화장품 안료로서 주목받고 있다.

7. 입술연지

풍속화(주로 화류계 여성, 연극배우 등을 소재로 한 에도 시대에 유행한 그림)에 대표되는 것 같이 에도 시대에 유행한 여성의 화장은 입술을 비단벌레 색으로 칠하고, 얼굴에는 분을 바르며 눈썹을 면도한 다음 실제 눈썹보다 위로 검게 먹으로 그린다. 또한 이도 검게 물들인다. 지금 생각하면 약간 괴상한 미인처럼 생각된다.

그러나 입술을 붉게 칠하는 전통은 옛 희랍 시대부터 계속된 것 같다. 에도 시대에는 홍화(紅花)의 꽃에서 추출한 진흙 모양의 '스야베니' 또는 이것을 말린 '카타베니'가 사용되었다. 이 주성분은 카르타민이라는 유기 화합물이다.

현대 립스틱의 원점이라 하는 붉은색 색소는 카민(Carmine)이라는 연지벌레의 암컷에서 채취된 색소이다. 그러나 1870년경에는 석탄 타르 성분의 하나인 아닐린에서 합성된, 색이 선명한 합성 색소가 수입되어서 천연 색소인 홍화나 카민은 어느새 자취를 감추고 말았다. 1810년경에는 외국에서 여러 가지 화장품을 수입했는데 그중에는 지금과 같은 밀랍 종류로 고형화한 막대 모양의 입술연지도 있었다.

일본에서 홍화 원료의 입술연지가 서양식의 립스틱으로 대치된 것은 1910년대의 일이다. 그러나 초기의 것은 아교 따위로 붉은색의 안료를 굳힌 것이었다. 현재와 같이 밀랍이나 유지로 타르계의 합성 색소를 굳힌 것이 보급된 것은 1920년대 말의

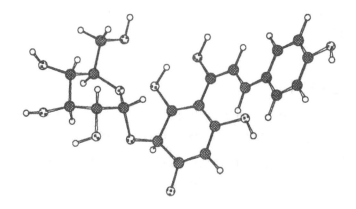

카르타민

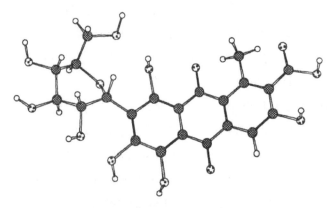

카루민산(카민의 주성분)

일이다.

현재 입술연지는 막대 모양(립스틱) 외에 연홍(練紅), 액체홍이 있으나 막대 모양이 대부분이다.

입술연지의 원료를 크게 나누면 유성 바닥 재료와 착색 재료로 구성된다.

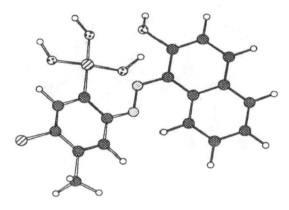

붉은색 204호

바닥 재료에 많이 사용되는 것은 밀랍이나 칸델라 밀랍(멕시코의 칸델라에서 얻는 밀랍)이 있다. 이들은 소량으로 입술연지가 단단해지며 표면의 광택이 좋아진다. 이들의 고체 바닥 재료와 피마자기름 따위의 유성 바닥재를 조제하여 입술에 감촉이 좋고 잘 펴지는 립스틱을 만든다.

화장품에 쓰이는 합성 색소는 위생상 해가 없고 보건사회부에서 지정한 것을 사용한다. 예컨대 붉은색 204호는 입술연지에 많이 쓰이는 붉은색 색소이다.

타르계 색소는 종류가 많고 색도 선명하므로 입술연지의 착색용으로 꼭 필요하지만 최근에는 소비자가 천연물을 선호하므로 예전에 사용한 카르타민, 카민 따위의 천연 색소를 사용한 것이 많이 나온다.

또 바이오 입술연지로 인기 있는 것은 착색 재료로 자근(지초뿌리)에 포함된 자주색의 색소인 시코닌을 배합한 입술연지이다. 그러나 천연 자근은 일본의 경우 홋카이도에 약간 자생할

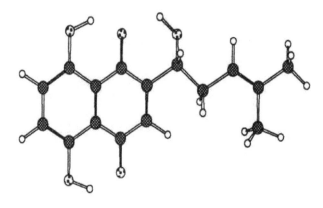

시코닌

뿐이라 화장품의 원료로는 충분하지 못하다. 입술연지에 쓰인 시코닌은 자근의 조직 배양이라는 바이오 기술에 의해 대량 생산된 것이다. 따라서 바이오 입술연지라고 이름 지었다.

또 오팔과 같은 광택을 가진 입술연지에는 운모타이타늄 가루(운모의 표면에 산화타이타늄의 얇은 막을 처리한 것)나 옥시염화 비스무트의 가루 등이 배합되었다.

8. 샴푸와 린스

머리를 감는 행위는 인류의 탄생 이래 우리의 일상생활에서 뺄 수 없는 행위이다. 다만 세정에 사용하는 세정제나 도구는 인류 문명의 발전과 더불어 변천을 거듭했다.

모발의 세정을 신체의 세정과 구별한 것은 극히 최근의 일이고, 이전에는 세발과 신체의 세정에 같은 세숫비누를 사용했다. 일본의 경우 1920년대 말에야 비로소 샴푸라는 이름의 두피 전용 세제가 시판되었고 이때 세제의 주성분은 비누(칼리비누)였다. 1960년경에 와서 유지화학 공업이나 계면활성제 공업의 발전에 따라 계면활성제가 주성분인, 세발 효과가 우수한 샴푸가 등장했다. 이것이 현대 샴푸의 원형이다.

한편 린스는 일본의 경우 1960년대 후반에 등장하여 현대 여성의 90% 이상, 남성의 50~60%가 샴푸 후 린스를 사용한다고 추정되어 머리 감기의 마무리로 필수적인 것이 되었다.

'린스'란 말은 '헹군다'라는 뜻이고, 옛날에 비누로 머리를 감을 때 모발에 남는 비누(주로 지방산의 칼슘염)를 헹구기 위해 식초나 레몬즙을 쓴 것이 린스의 시작이다. 샴푸의 주성분이 계면활성제로 바뀐 후 비누를 쓰지 않으므로 린스는 비누의 제거보다 세발 후의 모발을 부드럽게 마무리하기 위해 약제를 배합한 것으로 변했다.

샴푸는 매우 많은 상표가 상점에 나와 있으나, 그 주성분은 기본적으로 음이온 계면활성제, 비듬 방지를 위한 항비듬제, 잘 빗기 위한 컨디셔닝제, 적당한 점성을 위한 점도 조정제, 샴푸의 보존성을 위한 방부제, 향료, 색소 등 여러 가지 첨가제가 배합되어 다양한 특성을 가진 샴푸가 존재한다.

샴푸의 주요 재료인 음이온 계면활성제는 탄소 수 12 전후의 고급 알코올의 황산에스테르를 트리에탄올아민 등의 염기제로 중화해 얻은 것이다. 탄소 수 12 전후의 알코올 부분이 소수기, 황산에스테르 부분이 친수기가 되어 계면활성 효과가 나타난다. 물에 녹으면 이것이 집합해서 미셀을 만들어 거품이 생기는 세정 작용을 일으킨다(라우릴황산에스테르트리에탄올아민염).

샴푸를 사용하여 머리를 감으면 모발 표면의 지방이 씻긴다.

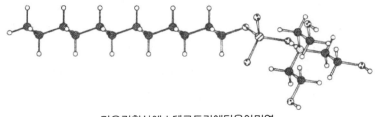

라우릴황산에스테르트리에탄올아민염

세틸필리듐염(양이온 계면활성제)

그 때문에 모발 표면의 마찰에 의한 저항이 강해져 빗기 어려
워지고 헝클어지기 쉽다. 이것을 방지하기 위해 린스를 사용하
는데, 샴푸 속에도 컨디셔닝제가 배합되어 있다. 샴푸의 과정이
나 헹구는 과정에서 컨디셔닝제가 모발 표면에 묻어 모발 표면
의 윤활 작용을 한다.

린스는 샴푸 후에 사용하며, 주요 재료는 양이온 계면활성제
이다. 역성비누라고도 부르는데, 오스반 등의 소독약도 이 종류
의 역성비누이다. 모발은 단백질이고 중성 부근에서 (-)로 대전
된다. 한편, 양이온 계면활성제는 (+)로 대전하므로 전기적 인
력으로 계면활성제가 모발에 균일하게 부착되어 모발 표면을
부드럽게 한다(세틸필리듐염).

린스에는 또한 고급 알코올이나 파라핀 기름 등도 배합되어
있다. 이들도 계면활성제와 같이 모발 표면에 달라붙어 린스

도중이나 린스 후에도 모발이 젖었을 때와 같은 특유한 반들반들한 감촉을 나타낸다.

9. 향료

우리 주변에는 여러 가지 냄새가 있는데 그중에서 '상쾌한 냄새'를 선택해서 생활에 즐겨 쓴다. 이 '상쾌한 냄새'를 '향기'라고 하며 '불쾌한 냄새'와 구별한다. '상쾌한 냄새'를 발생시키는 물질을 향료라 부르고 화장품, 가정용품, 식품 등에 널리 사용한다.

향료에는 꽃, 풀, 나무(드물게는 동물)에서 추출, 가공한 천연 향료와 화학적으로 합성한 합성 향료가 있다. 현재 알려진 천연 향료는 약 1,000가지, 합성 향료는 5,000가지가 있다.

물론 잘 사용되는 것은 그중 일부이며 천연 200가지, 합성 1,000가지 정도이다.

그러나 이들 향료를 단일품으로 쓰는 경우는 드물고 대부분 향료의 용도에 따라 이들을 조합해서 사용한다. 향료를 조합하는 것을 조향(調香)이라 하는데 조향은 일종의 예술로 조향사의 작품이다. 향기에 대한 예술적 센스, 단일품, 향료의 특성, 조합의 조화에 대한 풍부한 지식과 경험의 결과이다.

후각은 인간의 오각 중 미각과 같이 질적으로나 양적으로 무형의 감각이며, 느끼는 사람에 따라서 상당히 주관적이다.

양적으로 강한 냄새, 약한 냄새, 희미한 냄새라 해도 주관적인 판단에 머무른다. 또 질적으로도 장미 냄새, 바나나 냄새, 생선이 상한 냄새와 같이 구체적인 물건에 비유하지 않을 수 없다. 이와 같이 냄새의 표현법이 확립되지 않았기 때문에 향기에 관한 만국 공통 분류법은 없고, 기본 원료의 조제나 향료의 화학적 구조로 분류하는 시도가 있었으나 모두 흐지부지되었다.

천연 향료는 앞에서도 말한 것과 같이 꽃이나 초목에서 추출된 것이며 다음과 같은 방법으로 채취한다.

① 꽃, 풀, 나무에 수증기를 쬐어 수증기와 같이 나온 향기를 모은다.

② 꽃잎의 향기 성분을 헥산과 같은 용제로 추출한다.

③ 송진 종류를 벤젠과 같은 용제로 추출한다.

④ 꽃, 풀, 나무를 알코올로 추출한다.

단, 천연 향료는 천연물에 의존하므로 기후 불순, 병충해, 인건비 등의 영향을 받기 쉽다.

이에 비해 합성 향료는 공급, 품질, 비용 면에서 안정적으로 생산할 수 있고, 천연 향료에 대한 분석 결과로 천연 향료에 필적하는 인조 방향유를 합성 향료의 조합으로 만들 수 있게 되었으므로 질, 양 모두 풍부한 합성 향료가 주역의 자리를 차지하였다.

합성 향료의 역사는 유기화학 발전의 역사이기도 하다. 19세기 중엽부터 합성 향료를 하나씩 만들었다. 또 최근 수년 동안 분석 기술이 발전되어 천연 향료 성분의 미량 성분까지 자세히 분석할 수 있게 되었다. 그 결과 천연 향료와 구별이 안 될 정도의 인조 방향유를 만들 수 있게 되었다.

장미향을 예로 들면 그 주성분은 게라니올이나 페닐에틸알코올이고, 여기에 미량으로 로즈옥사이드나 베타다마스세논이 포함되었다. 보다 더 미량 성분으로는 디벤조치오펜이 포함되었다.

게라니올

페닐에틸알코올

로즈옥사이드

베타다마스세논

이들은 모두 화학적으로 합성된 것이고 천연의 장미 기름에 뒤지지 않는 인조 장미 기름이 된다. 향료 중에도 향수나 화장품 향료의 생명은 참신한 향과 창조성이 풍부한 향에 있다. 이

같은 창조는 새로운 단일품 향기의 대담한 배합을 필요로 하며
그 시도 중에서 성공된 것이 명향으로 후세까지 인기가 있고,
다음의 명향을 탄생시키는 힌트나 본보기가 된다.

그 몇 가지를 열거하면 다음과 같다.

		중성분
1913년	미스고	감마운데카락톤
1921년	샤넬 5번	알데히드류
1966년	오소파슈	디히드로디아스몬산메틸
1943년	파리	베타다마스콘

10. 종이 기저귀의 비밀

자원 절약 분위기 속에서도 종이 기저귀는 일회용이기는 하나,
육아를 맡은 엄마들의 수고를 얼마나 덜어주는지 헤아릴 수 없다.
특히 최근의 종이 기저귀는 TV 광고에도 나오는 것처럼 2~3번
오줌을 받아도 기저귀에서 새지 않고, 또 기저귀의 안쪽도 보송보
송해서 아기의 착용 기분도 좋은 것 같다.

이 비밀은 종이 기저귀 속에 넣은 고흡수성 고분자 화합물에
있다. 그 기원은 1970년대로 거슬러 올라간다. 미국 농림부 북
부 연구소에서 옥수수로 녹말의 이용법을 연구할 때, 녹말과
아크릴로니트릴이라는 화합물의 반응물에서 자신보다 수백 배
의 수분을 흡수하는 새로운 고분자 화합물을 발견하였다.

아크릴로니트릴이라는 화합물은 아크릴 섬유의 원료에도 사
용되고 이미 대량 생산되는 화합물이다. 이것이 힌트가 되어
미국과 일본에서 연달아 고흡수성 고분자 화합물이 발표되었고
그 일부가 기업화되었다.

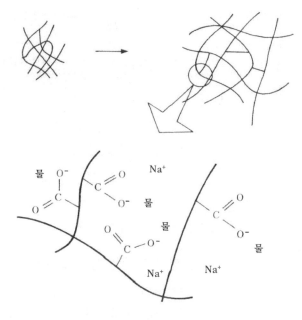

〈그림 3-15〉 고흡수성의 원리

　고흡수성 고분자 화합물은 보기에는 흰 가루이지만, 앞에서
말했듯이 녹말이나 셀룰로오스와 같은 천연 고분자 화합물에
아크릴로니트릴이라는 합성 고분자 화합물의 원료를 결합시켜
생긴 천연 고분자 화합물과 합성 고분자 화합물의 혼혈아와 같
은 물질이다.

　흡수 전에는 녹말이나 셀룰로오스의 긴 사슬이 서로 엉켜 군
데군데 사슬끼리 결합하여 입체적인 망 구조를 취해서 전체가
조밀하게 굳어져 있다. 이들의 사슬에 아크릴로니트릴이 가수
분해하여 생긴 친수성인 카르본산소듐기가 붙어 있다. 이 고분
자가 물에 젖으면 카르본산소듐이 물에 녹으려고 넓어진다. 고
분자 사슬 망 속에 물이 침입하면 카르본산소듐의 소듐 이온이

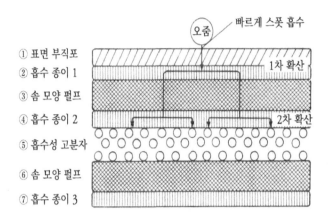

빠르게 스폿 흡수

오줌

① 표면 부직포
② 흡수 종이 1 ———— 1차 확산
③ 솜 모양 펄프
④ 흡수 종이 2 ———— 2차 확산
⑤ 흡수성 고분자
⑥ 솜 모양 펄프
⑦ 흡수 종이 3

〈그림 3-16〉 종이 기저귀 구조

해리하여 망의 눈은 더욱 넓어져 많은 물을 흡수한다. 이 모양
을 나타내면 〈그림 3-15〉와 같다.

오줌을 흡수하기만 하면 화장지라도 자기 무게의 10~20배
의 오줌을 흡수하지만 고흡수성 고분자는 30~50배 정도의 오
줌을 빨아들인다. 화장지의 경우는 짜면 물이 나오지만 고흡수
성 고분자의 경우 흡수된 물은 약간의 압력을 가해도 나오지
않는다.

이와 같은 특징을 종이 기저귀에 사용하면 많은 오줌을 흡수
해서 기저귀의 안쪽은 보송보송한 채로 있게 된다.

이 고흡수성 고분자 화합물은 오줌을 흡수하면 우무와 같이
젤리 형태가 되어서 입자끼리 서로 붙어 그 이상은 오줌을 흡
수하지 못한다. 그러나 최근의 제품은 흡수해도 입자끼리 붙지
않고 그 밑의 층으로 오줌이 통과해 2~3번 오줌을 눠도 기저
귀의 흡수가 순조롭도록 개량되었다(그림 3-16).

고흡수성 고분자의 화합물은 종이 기저귀뿐 아니라, 생리대에

도 응용되어 새지 않는 치밀한 생리대도 상품으로 나와 있다.

고흡수성 고분자 화합물은 앞에서 말한 바와 같이 녹말과 셀룰로오스를 주성분으로 사용하므로 버려도 자연히 분해한다. 또 소각 처분해도 유해한 가스가 발생될 염려가 없다.

또 고흡수성 고분자 화합물이 다량의 수분을 흡수하는 동시에 흡수한 수분을 천천히 증발시키는 성질을 이용해서 습포(찜질)제 따위에도 응용한다. 설탕의 진한 수용액은 다른 것에서 수분을 흡수하여 자연히 묽게 되는 성질이 있다. 전문적인 말로는 삼투압이 높다고 한다. 이 설탕 수용액과 고흡수성 고분자를 짜맞추어 셀로판과 같이 수분을 통과하기 쉬운 필름에 싼 시트를 만든다. 이 시트 위에 막 잡아 온 생선을 올려놓으면 물고기의 살에서 수분만 흡수되어 하루 저녁에 말린 살의 단단한 가공품을 얻을 수 있다.

후기

우리 주변에는 유형이나 무형으로 여러 가지 화학물질을 사용한다. 그 화학물질 덕분에 우리 생활이 얼마나 편리하고 쾌적해졌는지 이루 헤아릴 수 없다.

한편으로는 자연 지향, 건강 지향에서 '합성물은 나쁘다', '천연물은 좋다'와 같은 단순한 생각, 혹은 '첨가물은 모두 나쁘다'와 같은 잘못된 생각이 널리 퍼져 있다.

화학의 입장에서 보면 천연물과 합성물은 모두 똑같은 원자로부터 이루어진 화학물질이므로 합성물은 모두 나쁘다고 단정하기 어렵다. 처음부터 나쁘다고 단정하기 전에 그 합성물의 정체에 관해 올바른 이해를 갖기 바란다.

식품 첨가물도 각각에 첨가해서 얻을 수 있는 이점이 있고 용도에 맞게 첨가하는 것을 인정받고 있다. 식품의 유통 단계에서 변질을 모면하고 소비자의 입에 들어가는 것도 첨가물 덕택이다. 물론 남용해서는 안 되지만 최저한의 사용은 허용해야 할 것이다.

또 표백제나 세정제는 올바른 이해 없이 부주의하게 사용하면 불의의 사고가 일어난다. 제조물 책임법으로 기업에 클레임을 거는 것보다 올바르게 사용하여 사고를 일으키지 않는 것이 낫다.

이와 같은 이유로 이 책이 우리 주변의 화학물질의 이해에 조금이나마 도움이 되면 매우 좋겠다.

마지막으로 이 책을 집필하는 데 식품 첨가물이나 가정 내

화학물질의 안정성에 대해 가르쳐 주신 구마모토현 위생 연구소 약제사 고이데 게이코(小出圭子) 씨, 스킨케어 화장품에 대해 가르쳐 주신 시세이도 규슈 판매 주식회사의 니시키 도미사오(西木戶操) 씨, 도이레다리 제품, 기능성 음료에 대한 자료 수집을 도와주신 구마모토 도진도 약제사 다카하시 구니미쓰(高橋國光) 씨, 또 매킨토시에 의한 분자 모델 작성에 협력해주신 주식회사 도진화학 연구소의 호리구치 오요시(堀口大吉) 씨, 원고에 워드프로세서 정서를 도와 준 비서 사고구치 사미(迫口眞美) 씨에게 깊이 감사드린다.

구마모토시에서
우에노 게이헤이

우리 주변의 화학물질

전지, 세제에서 합성감미료까지

초판 1993년 10월 25일
개정 2019년 04월 08일

지은이 우에노 게이헤이
옮긴이 이용근
펴낸이 손영일
펴낸곳 전파과학사
주소 서울시 서대문구 증가로 18, 204호
등록 1956. 7. 23. 등록 제10-89호
전화 (02)333-8877(8855)
FAX (02)334-8092
홈페이지 www.s-wave.co.kr
E-mail chonpa2@hanmail.net
공식블로그 http://blog.naver.com/siencia

ISBN 978-89-7044-855-8 (03430)
파본은 구입처에서 교환해 드립니다.
정가는 커버에 표시되어 있습니다.

도서목록

현대과학신서

도서목록

BLUE BACKS